U0268180

退役报废电子设备处理技术

孟 晨 王 成 ◎ 主编

李 青 姜会霞 魏保华 范书义 ◎ 参编

RECYCLING TECHNOLOGY OF

RETIRED AND DISCARDED

ELECTRONIC EQUIPMENT

北京理工大学出版社

BEIJING INSTITUTE OF TECHNOLOGY PRESS

内 容 简 介

退役报废电子设备科学处置，涉及资源利用、环境污染防治和信息安全隐患消除等社会问题，越来越受到各级有关部门的重视。本书围绕退役报废电子设备科学处置，全面系统地介绍了退役报废电子设备处理所涉及的关键技术内容及其工程实现方法，主要包括电子设备信息存储介质及其存储机理，电子设备磁存储器件处理技术，半导体存储器件脱密与销毁处理技术，以及电子设备结构材料、印制电路板、显示器和电池的回收处理技术等内容。

本书力求理论与实践相结合，可供从事电子设备研制生产和退役报废电子设备处理有关的工程技术人员参考。

图书在版编目（CIP）数据

退役报废电子设备处理技术 / 孟晨，王成主编. --
北京：北京理工大学出版社，2022.9
　　ISBN 978-7-5763-1724-4

Ⅰ. ①退…　Ⅱ. ①孟…　②王…　Ⅲ. ①电子设备－废物处理　Ⅳ. ①X76

中国版本图书馆 CIP 数据核字（2022）第 171179 号

出版发行 / 北京理工大学出版社有限责任公司
社　　址 / 北京市海淀区中关村南大街 5 号
邮　　编 / 100081
电　　话 / （010）68914775（总编室）
　　　　　 （010）82562903（教材售后服务热线）
　　　　　 （010）68944723（其他图书服务热线）
网　　址 / http://www.bitpress.com.cn
经　　销 / 全国各地新华书店
印　　刷 / 三河市华骏印务包装有限公司
开　　本 / 710 毫米×1000 毫米　1/16
印　　张 / 8.25
字　　数 / 126 千字
版　　次 / 2022 年 9 月第 1 版　2022 年 9 月第 1 次印刷
定　　价 / 56.00 元

责任编辑 / 徐　宁
文案编辑 / 宋　肖
责任校对 / 周瑞红
责任印制 / 李志强

前　言

　　随着电子技术、计算机技术、自动化技术和信息处理技术的高速发展，电子设备已经成为工农业生产、人民日常生活，以及国防军事、航空航天等各个领域中的主要应用和消费产品，伴随而来的是退役报废电子产品的大量产生。然而，由于退役报废电子设备处理技术的不规范和回收处理体系的不完善，致使大量退役报废电子产品没有得到科学的处置，从而带来了资源浪费、环境污染和安全隐患等社会问题。

　　退役报废电子设备科学处置主要涉及两个方面的问题。一是退役报废电子设备涉及的信息安全处理、防止失泄密问题。目前，各种电子设备为信息的处理和记录带来了空前的高效率和大容量，其内部的信息存储介质为记录信息、备份信息和传递信息带来了持久性、稳定性和便捷性。退役报废电子设备内部的信息存储介质如果没有得到安全处理，就会面临其中的信息和数据被非法窃取、复制和利用等安全问题。如果这些信息涉及军事、政治、经济、金融、工业、公民等秘密和敏感信息，一旦被非法窃取加以利用，将产生难以估量的损失。因此，信息存储介质的广泛使用带来的信息安全问题已经成为关乎各方利益的重大问题，是退役报废电子设备处理过程中必须应对并解决的挑战。二是退役报废电子设备的无害化和资源化处理问题。退役报废电子设备处理涉及环境危害性和资源化利用性的双重问题。一方面，处理产生的废弃物中通常包括塑料、重金属、溴化阻燃剂等成分，是一类会对环境产生严重污染的物质，如果处理方法不得当，会给自然环境和人类健康带来极大的危害，甚至形成对生态环境长期、深度的危害。另一方面，处理产生的废弃物中含有铜、铝、铁及各种稀贵金属、玻璃、塑料等资源，如果科学地回收利用，获得再生资源的成本大大低于获得原生资源的成本，不但有利于节约资源和能源，还可以降低对环境的污染。

围绕退役报废电子设备涉及的信息安全处理、防止失泄密问题，本书首先介绍了磁存储介质、半导体存储介质和光存储介质及其工作机理，在此基础上详细论述了磁存储器件和半导体存储器件的数据恢复技术、存储信息清除技术和安全销毁技术。围绕退役报废电子设备的无害化和资源化处理问题，本书基于电子设备的基本组成，详细论述了电子设备结构材料回收处理技术、电子设备印制电路板回收处理技术、电子设备显示器回收处理技术和电子设备电池回收处理技术，并进一步分析了电子设备回收处理过程中产生的有害物质及其处理方法。当然，退役报废电子设备处理工作本身通常涉及多个专业领域技术，其工程应用又受到国家各种管理法规制度、处理规模、投资成本、环境影响和技术成熟度等多种因素制约，因此本书中的退役报废电子设备处理技术是在梳理和归纳现阶段废弃电子电器产品处理技术与工程实践现状后提出的，希望能以本书的出版为读者提供一个技术交流的平台。

本书第 1 章由魏保华和范书义编写，第 2 章由李青编写，第 3 章由王成编写，第 4 章由姜会霞编写，第 5 章由孟晨编写。孟晨负责全书的审校工作。在编写过程中得到了该领域有关专家教授们的大力支持，并提出了许多宝贵意见，在此向他们表示衷心的感谢。

本书力求资料全面、概念清楚、结构合理、逻辑严密、文字流畅、突出实用。由于编者水平有限，书中难免有疏漏和不妥之处，恳请读者批评指正。

编　者

2021 年 9 月

目　录

第一章

绪　论

随着电子技术和计算机技术在各个领域的全面普及应用，以及电子产品更新换代速度的不断加快，退役报废电子设备的数量出现高速增长的态势。目前，退役报废电子设备作为废弃电子垃圾已经成为困扰全球、影响国家环境安全的重大环境问题。

电子产品含有许多有毒有害物质，其危害巨大，如计算机设备中含有大量的铅、汞、聚氯乙烯及其他有害物质，这些物质不仅会损害人的身体，还会危害到环境，并且有毒物质对环境的破坏都是不可逆转的。电子产品不仅种类繁多、结构复杂，其制造材料多种多样，而且不同品牌产品的设计原则、方法各有不同。这就使得人们在退役报废电子设备的资源化、无害化处置过程中遇到了相当大的难题。

■ 第一节　退役报废电子设备处理需求

我国是电子产品的生产大国、消费大国和废弃大国。据统计测算，目前我国退役报废电子设备超过 2 亿台，而且各种产品设备结构各异，成分非常复杂。

首先，退役报废电子设备处理产生的废弃物具有资源性。其中含有铜、铝、铁及各种稀贵金属、玻璃、塑料等资源，具有很高的再生利用价值。对其回收利用，获得再生资源的成本，大大低于从矿石冶炼加工获得资源的成本，有利于节约资源和能源。研究认为，用从报废电子装备中回收的废铜代替通过采矿、运输、冶炼得到的铜材，空气污染可减少 86%，污水排放可减少 76%。尤其是贵金属，其工业品位远远高于天然矿石，某些金属的含量是相应金属矿床工业品位的几倍甚至几十倍，具有广泛的回收前景，比直接开采自然矿床进行冶炼得到同等材料所花费的成本和产生的污染要少得多。研究表明，在 1 t 随意搜集的印制电路板中，大约可以分离出 271 kg 铜、45 g 黄金、39.6kg 锡，价值数万元。

其次，退役报废电子设备处理具有环境危害性。退役报废电子设备因含有不可分解的有毒物质，如果不加处理，任意堆放或填埋，会对环境带来很大的威胁。退役报废电子设备含有对环境造成很大危害的重金属，如铅、铬、镉、汞等，还含有聚氯乙烯塑料、酞酸酯和溴化阻燃剂等有机物质，甚至含有多氯联苯等持久性毒性有机物。若不进行环境管理，由专门机构进行回收并采取符合环保要求的技术和设备对其进行无害化处理和处置，必将对人类的生存环境、生命安全和身体健康造成严重的危害。如果任意堆放或填埋，在自然条件影响下，其中的重金属等有害成分可以通过水、大气、土壤进入环境，从而污染土壤和地下水，给环境造成潜在的、长期的危害，并随时可能通过植物的生长以及水体或生物链等途径进入人体，给人类健康带来极大的威胁。而且这种危害具有不可恢复性，将造成无可挽回的环境和经济损失。如果随意燃烧，退役报废电子设备中的含卤族元素的阻燃剂会产生致癌物质，能排放出大量有害废气，破坏臭氧层并能形成酸雨，对人类的健康和周围环境都会造成严重的威胁，而且燃烧产生的废弃物更加难以处理。造成环境污染的典型例子是 20 世纪 90 年代，我国广东省贵屿镇、浙江省台州市等地区，自发形成了退役报废电子设备和废弃电子垃圾的拆解处理集散地，由于当地多为手工作坊，有些人为了牟取暴利，采用极其原始的手段，如直接露天焚烧或者用化学溶液方法进行处理，致使其产生的废气、废液和废渣直接排入周围环境，给当地的环境造成了难以逆转的生态灾难，居民的健康受到了严重的危害。据环境监测，广东省贵屿镇当地的土壤已经呈现强酸性，pH 值已经接近 0。河岸沉积物的抽样化验显示，对生物体有严重危害的重金属铅的浓度是美国环境保护署认定土壤污染危险临界值的 212 倍，钡为 10 倍，铬为 1 338 倍，锡为 152 倍，而水中的污染物超过饮用水标准达数千倍。

因此，必须对退役报废电子设备进行无害化和资源化处理，实现环境、经济、社会的协调发展。首要的任务就是针对退役报废电子设备回收处理管理立法，倡导生产者延伸责任制。2009 年由国务院颁布、2011 年开始实施的《废弃电器电子产品回收处理管理条例》，规定了退役报废电子设备回收处理活动相关方的责任和义务，建立了《废弃电器电子产品处理目录》，体现了我国对退役报废电子设备回收处理活动管理的重视，采用《废弃电器电子产品处理目录》、逐步推进的管理方式，管理目标明确、重点突出。

一、优先管理资源性高的产品，建立良性的资源综合利用体系

电子产品是资源消耗型产品。退役报废电子设备不仅含有大量的铁、铜、铝、塑料等资源，也含有很多稀贵金属。自发形成的退役报废电子设备回收处理大军，由于回收处理规模小，人员素质参差不齐，回收材料低水平地利用，一些回收部件成为非法拼装的原料。优先管理资源性高的产品，可以大大提高退役报废电子设备资源回收利用率水平，建立良性的资源综合利用体系。

二、优先管理环境性问题突出的产品，有效减少环境污染

退役报废电子设备中除了含有资源性物质，同时也含有对环境有危害的物质。不同的退役报废电子设备中有害物质种类、含量和分布都不同。优先管理环境问题突出的产品，可以有效地减少退役报废电子设备处理对环境的污染。此外，对退役报废电子设备进行回收处理管理，淘汰落后工艺和技术，也能够有效地避免退役报废电子设备在拆解处理过程中产生二次污染的问题。

三、有利于积累管理经验，提高管理水平

通过建立《废弃电器电子产品处理目录》，采用逐步推进的模式实现废弃电器电子产品的无害化、资源化处理，有利于积累管理经验，提高管理水平。此外，根据国外经验，管理成本在回收处理费用中占的比例较高。通过目录产品回收处理的管理，核算实际的管理成本，从而为控制管理成本提供有效的经验和基础数据。

四、有利于引导资源性和环境性高的产品制造商开展可回收利用设计

《废弃电器电子产品回收处理管理条例》鼓励列入目录产品的生产商开展产品无害化设计和可回收利用设计，从产品源头控制电子产品的环境性。

▨ 第二节　退役报废电子设备处理内容

退役报废电子设备是指由于技术性能落后而不再使用的、淘汰的、功能丧失而废弃的电子电器设备，及其废弃零部件、元器件和附件，包括设备制造、维修、翻新、再制造过程中产生的报废品。其中，退役报废电子设备存储介质是一类特殊的部件、元器件和附件，如硬盘、U盘、各种存储芯片和光盘等。基于电子信息技术的各种数字化存储介质，不但是退役报废电子设备处理需要面对的主要部组件之一，同时存储介质中记录或承载的数据信息可能涉及军事、工业、商业和公民信息安全，因此信息安全处理也是退役报废电子设备处理的主要内容。

作为电子产品，信息存储介质存在固有的生命周期，必然面临退役报废问题。一方面，信息存储介质本身随着使用时间和读写次数的累积而发生部件的老化、损坏；另一方面，在摩尔定律的驱使下，信息存储介质的性能不断升级、成本不断降低，极大地加快了新老产品的更新换代。因此，每年都将有大量的报废存储介质产生，如何安全、无害地处理这些报废信息存储介质成为其生命周期末端的重要一环，给我们提出了更多挑战，这些挑战主要来源于社会层面的信息安全问题和环境保护层面的无害化处理及资源化问题。

一、信息安全处理

信息存储介质记录着使用过程和工作记录的大量信息，对于磁性存储介质，记录信息的磁畴并不能通过基于系统的操作而被破坏，也就是这些信息通过"删除"或"格式化"操作并不能被彻底销毁。例如，对写有已知内容的硬盘进行"删除"或"格式化"操作处理，操作结果是，只有 0.01%～0.11%的信息发生了改

变，而其余的数据都完好无损。目前，各种信息存储介质在政府机构、企业、个人等各领域各层次都得到深入的应用，它们为信息的记录带来空前的高效率和大容量。然而，也正是由于信息存储介质记录信息、备份信息和传递信息的高度持久性、稳定性、便捷性，信息持有者也就同时面临着信息、数据易被非法窃取、复制、使用等安全问题。这些信息可能涉及军事、政治、经济、金融、工业、公民等重要情报和敏感信息，一旦被非法窃取或篡改，将产生难以估量的损失。因此，信息存储介质的广泛使用带来的信息安全问题已经成为关乎各方利益的重大问题，是退役报废电子设备处理过程中必须应对并解决的挑战。

二、无害化、资源化处理

退役报废电子设备处理涉及环境危害性和可资源化性的双重问题。一方面，退役报废电子设备处理产生的电子废弃物主要是一类严重污染环境的固体废弃物，其中含有塑料、重金属、溴化阻燃剂等成分，如果处理方法不得当，会给自然环境和人类健康带来极大的危害，甚至形成对生态环境长期、深度的危害，退役报废电子电器设备中的有毒有害成分如表 1-1 所示；另一方面，退役报废电子设备中含有的以上成分又都是潜在的资源，以印制电路板为例，其金属质量百分数达到 47%，许多种金属含量比相应矿石品位要高出很多，如果能够加以合理回收，退役报废电子设备将变成一座座金属矿山。

表 1-1 退役报废电子电器设备中的有毒有害成分

毒害物质	主要来源
氯氟碳化合物	冰箱、空调
卤素阻燃剂	电路板、电缆、电子设备外壳
汞	显示器
硒	光电设备
镍、镉	电池及某些计算机显示器
钡	阴极射线管、电路板
铅	阴极射线管、焊锡、电容器及显示屏
铬	金属镀层

一些主要的电子电器设备的组成成分如表 1-2 所示。如果能够采用适当的方法对其进行无害化处理，则不仅极大降低了环境危害性，还能够从中回收大量的有价值资源。信息存储介质中含有的铝、铜、磁铁、塑料、半导体材料等均可以通过适当方法加以回收，这样就会有大量的资源被再生出来，从而有效缓解目前日益加剧的资源和能源压力。

表 1-2 几种典型的电子电器设备的组成成分

设备类型	黑色金属/%	有色金属/%	塑料/%	玻璃/%	电路板/%	其他/%
计算机	32	3	22	15	23	5
电话	<1	4	69		11	16
显示器	10	4	10	41	7	8

由表 1-2 可见，计算机类设备中的金属含量可以达到 35%左右，而电视、电话类设备，含有的塑料和玻璃成分很高，加以合理利用都可以实现资源循环。

■ 第三节 退役报废电子设备处理相关技术

退役报废电子设备在处理过程中涉及的相关处理技术主要包括：数据恢复技术，信息清除、净化与销毁技术，无害化、资源化技术等。

一、数据恢复技术

数据恢复技术近年来得到迅速的发展，特别是经过 1999 年 4 月 26 日 CIH 病毒爆发，成千上万块硬盘损坏，一夜之间硬盘上的重要数据无法读出，使人们认识到数据恢复的重要性：硬盘有价，数据无价。

顾名思义，数据恢复技术，就是面对计算机系统遭受误操作、病毒侵袭、硬件故障、黑客攻击等事件后，将用户的数据从各种无法读取的存储设备中恢复出来，从而将损失减到最小的技术。随着信息化热潮在中国的不断推进，越来越多的企事业单位在工作中引入了计算机系统来辅助工作，越来越多关系企业正常经营的重要信息也被保存在计算机系统中，信息安全逐渐被人们所重视。正是数据恢复技术在构筑数据安全保护底线方面所处的特殊地位，使数据恢复的重要性正在被 IT 业广泛关注。

数据恢复方式可分为软件恢复方式与硬件恢复方式，如图 1-1 所示。

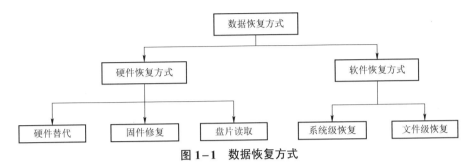

图 1-1 数据恢复方式

硬件恢复可分为硬件替代、固件修复、盘片读取三种恢复方式。硬件替代就是用同型号的好硬件替代坏硬件达到恢复数据之目的，如硬盘电路板的替代、闪存盘控制芯片更换等。

软件恢复可分为系统级恢复与文件级恢复。系统级恢复就是操作系统不能启动，利用各种修复软件对系统进行修复，使系统工作正常，从而恢复数据。文件级恢复是指存储介质上的某个应用文件损坏，如 DOC 文件损坏，可使用专业修复软件对其进行修复，恢复文件的数据。

二、信息清除、净化与销毁技术

通常，当人们在计算机上执行删除命令时，会习惯性地以为数据是真的"消失"了，然而事实并非如此，虽然自己看不见数据，可是这些被删除的数据能够被轻易地恢复。被删除的数据脱离了计算机使用者的管理，如果这些数据中含有机密文件，那么就存在机密文件泄露的巨大风险。因此，为了避免重要数据被恶意恢复，需要使用专用的数据清除工具，以确保重要数据在其生命周期的最后一个环节能够安全无误地"消失"。

为满足用户彻底删除文件的需要，互联网上出现了一些专门的所谓文件粉碎软件，一些反病毒软件也增加了文件粉碎功能，不过这些软件大多没有通过专门机构的认证，其可信度和安全度都值得怀疑，用于处理一般的私人数据尚可，而用于处理政府机关和商业机构的敏感数据恐怕就不行了。

综上所述，当我们采取删除、格式化等常规操作来"销毁"数据时，事实上数据并没有被真正销毁，在新数据写入硬盘同一个存储空间前，该数据会一直保留，从而存在被他人恶意恢复的风险。

为了防止敏感信息的泄露，采取一些信息消除技术是十分必要的。按照信息消除技术的安全级别，依次可分为清理、净化和销毁三种技术。

（1）数据清理技术。这种方式提供与数据敏感性相当的保证，即无法使用普通的系统功能，也就是通过系统重建、恢复数据。在运行的计算机中，如果可以确信系统实施了存储空间与非授权用户的分离，则可以通过对未分配系统存储空间的覆盖完成清理。覆盖是将非保密数据写入以前存有敏感数据的存储位置的过程。

（2）数据净化技术。数据净化的主要方式是通过消磁器对磁介质进行消磁。消磁通常称为擦除，是磁介质被擦除的过程，即还原到其最初的退磁状态。磁介质是一般通过给定磁场方向，更改磁畴的磁取向，在磁介质中存储数据信息的。消磁的原理就是使磁畴处于与原先无关的随机组合，从而使以前的数据无法被恢复。但是，在消磁后有一些磁畴其磁取向没有得到完全随机化。这些磁畴表示的信息通常称为剩磁。正确的消磁必须确保剩磁不足以重建数据。

（3）存储介质销毁技术。对于一些经清理、净化后仍达不到相关要求的磁盘或已损坏需报废的存储过敏感数据的磁盘，以及曾记载过绝密信息的磁盘，必须进行介质销毁处理。存储介质销毁通常采用物理破坏或化学腐蚀的方法把记录涉密数据的物理载体完全破坏掉，从而从根本上解决数据泄露的问题。

三、无害化、资源化技术

退役报废电子设备无害化、资源化处理技术主要包括退役报废电子设备拆解回收处理技术和退役报废电子设备回收处理过程中产生的有害物质处理技术。

根据退役报废电子设备产品结构特点和材料组成，拆解回收处理技术主要包括阴极射线管（CRT）显示器和液晶显示器回收处理技术、印制电路板回收处理技术、设备金属和塑料结构件回收处理技术等。

退役报废电子设备回收处理过程中产生的有害物质处理技术主要包括氟利昂净化处理技术，粉尘、酸性气体去除技术，重金属回收处理技术。

第二章

电子设备信息存储介质及其存储机理

电子设备退役报废过程中，电子设备的存储介质处理需要重点把握两个环节：一方面，信息存储介质中的有用信息在必要时需要进行恢复、转移；另一方面，存储介质中遗留的涉密信息需要彻底清除，以消除在之后的销毁环节中可能存在的失泄密隐患。从组成材料上可以将退役报废电子设备信息存储介质分为磁存储介质、半导体存储介质和光存储介质。

■ 第一节　磁存储介质及其工作机理分析

磁存储介质是指用磁性材料做成的存储介质，包括磁盘存储器（硬盘、软盘）、磁带存储器等。磁存储介质一般由磁头、记录介质、电路和伺服机械等部分组成。

一、磁头

磁头是电磁转换器件，它是磁存储系统的核心部件之一，按其功能可分为记录磁头、重放磁头和消磁磁头三种。

（1）记录磁头的作用是将输入的记录信号电流转变为磁头缝隙处的记录磁化场，并感应磁存储介质产生相应变化，将信息记录下来。

（2）重放磁头的作用正好相反，当磁头经过磁介质时，磁存储介质的磁化区域就会在磁头导线上产生相应的电流，即把已记录信号的记录介质磁层表露磁场转变为线圈两端的电压（即重现电压），经电路放大和处理，从而读出已记录的声音、图像等信息。

（3）消磁磁头的作用则是将信息从磁存储介质上抹去，就是使磁层从磁化状态返回到退磁状态。

二、记录介质

磁记录介质也是磁存储系统的核心部件之一，包括磁带、硬磁盘、软磁盘、磁卡片等。各种磁记录介质的要求一般为：磁矫顽力适当高，以有效存储信息；饱和磁化强度高，以获得高的输出信息；矩形比高，以减小自退磁效应，提高信息记录效率；磁滞回线陡直，以提高记存信息分辨率；磁性温度系数低、老化效应小，以提高磁记录的稳定性；磁层表面均匀、光洁、耐磨。因此，磁记录介质为硬铁磁性的粉体或薄膜材料，从结构上可分为磁粉涂布型介质和连续薄膜型介质两大类，而从记录方式则可分为模拟记录和数字记录两类。

三、电路

电路一般包含记录信号电路、重放信号电路、伺服电路以及消抹电路等。记录信号电路，是在信号进入记录磁头线圈之前对信号进行放大或处理的电路。重放信号电路，是对由重放磁头线圈获得的重放电压进行放大或处理的电路。伺服电路的作用，是在同步信号的控制下使磁头和记录介质以一定方式准确而稳定地运动，伺服机械的准确性和一致性是由伺服电路来保证的。消抹电路是为消抹磁头线圈提供高频振荡电流的电路，高频振荡电流在消抹磁头缝隙处产生的高频磁场，能抹去以一定速率由此通过的记录介质上的信号。

四、伺服机械

磁迹的扫描方式不同，伺服机械的结构也不同。一般情况下，伺服机械包含磁头运动伺服机械和记录介质运动伺服机械两种。这些机械通常都是十分精密和稳定的。特别是磁带录像机磁迹之间的距离只有几十微米，并要求重放过程中磁头和磁带相对运动的方式与记录过程中的情形完全一致。要达到这样的要求，伺服机械的结构必须十分精密。对于磁带录音机，伺服机械比较简单，主要是为磁带提供稳定的和均匀的纵向运动。伺服机械提供的磁头与记录介质相对运动的方式，是由选择的磁迹分布方式（或扫描方式）确定的，伺服机械的结构也相应确定。磁迹分布方式（或扫描方式）有多种，磁带上的磁迹有沿磁带纵向分布的、斜向分布的和横向分布的，磁盘上的磁迹则是沿磁盘的圆周方向分布的。每一种磁迹分布方式对应一种扫描方式，上述磁迹分布方式对应的扫描方式分别是纵向扫描方式、斜向扫描方式、横向扫描方式和圆周扫描方式。例如，录音机磁带上只有音频磁迹，是纵向分布的，也称为纵向扫描的；录像机磁带上的磁迹有音频磁迹、控制磁迹和视频磁迹三种，音频磁迹和控制磁迹都是纵向分布的，而视频磁迹则有两种分布方式，二磁头录像机磁带上的视频磁迹是斜向分布的，四磁头录像机磁带上的视频磁迹是横向分布的；磁盘机磁盘上的磁迹是圆周分布的。

　　伺服机械的工作必须稳定、准确和可靠，所以，对部件的设计、加工和安装必须十分精密。磁存储器是利用表面磁介质作为记录信息的媒体，以磁介质的两种不同的剩磁状态或剩磁方向变化的规律来表示二进制数字信息的。磁存储器的读/写工作过程是电、磁信息转换的过程，它们都是通过磁头和运动着的磁介质来实现读或写操作的。记录信号时，一般应首先将需要记录的信号用适当的换能装置转变为电信号；然后经记录信号电路的放大和处理输至记录磁头线圈中，在记录磁头缝隙处产生记录磁化场，使按一定速率在此处经过的记录介质磁化。当记录介质移动的速率恒定时，沿着长度方向的剩余磁化的空间分布就反映了磁头线圈中电流的时间变化，从而完成了信号的记录过程。当记录了信号的记录介质以一定的速率通过重放（读出）磁头缝隙时，由介质表面发出的磁通将被磁头铁芯截留，并在重放磁头线圈两端产生重放电压。这个电压经重放信号电路的放大和处理输至换能装置，使信号以一定的形式重放出来，从而完成了信号的读取过程。

　　在记录和重放之间，记录信号有个存储过程。在这个过程中，不允许外加的杂散磁场超过用于记录的磁场的强度。如果用消抹磁头产生一个大于记录磁场强度的磁场，就可抹除原先记录的信号，使磁层处于退磁状态，记录介质又可准备记录新的信息。消抹磁头线圈中的高频电流来自消抹电路。在有些情况下，当记录磁头和重放磁头为同一磁头时，也可用信息的重写来消抹旧的信息。

在上述整个过程中，磁头（包括记录磁头、重放磁头和消抹磁头等）和记录介质在伺服机械的驱动下，以一定的方式运动，这种运动的准确性和稳定性是由伺服电路来控制的。

■ 第二节 半导体存储介质及其工作机理分析

半导体存储器是指利用半导体材料记录的电子文件数据及其载体。按其功能可分为随机存取存储器（RAM）和只读存储器（ROM）。其中，随机存取存储器包括动态随机存取存储器（DRAM）、静态随机存取存储器（SRAM）、非挥发性随机存取存储器（NOVRAM）等；只读存储器又分为可编程只读存储器（PROM）、可抹除只读存储器（EPROM）、快闪可抹除只读存储器（Flash EPROM）、电子可变只读存储器（EAPROM）、电子可抹除只读存储器（EEPROM）等。

半导体存储介质主要包括 U 盘和存储卡两类，常见的存储卡又分为 CF 卡、SD 卡、MMC 卡、SM 卡、XD 卡等。

半导体存储器件按数据存储的工作原理特点可以分类两大类，一类为挥发性存储器；另一类为不挥发性存储器。挥发性存储器存储的信息掉电后会消失，根据存储数据的原理不同，又可分为静态随机存取存储器（SRAM）和动态随机存取存储器（DRAM）。其中，SRAM 是利用带有正反馈的触发器来存储数据信息的，而 DRAM 则是利用电容上的电荷来存储数据信息的，由于电容存在一个电荷泄放的问题，所以对 DRAM 来说，需要定时刷新从而使存储的信息不被破坏。不挥发性存储器的存储信息掉电后仍然存在，理论上其存储的数据可以是永久不变的，或者是可编程的。不挥发性存储器可以分为 ROM 和不挥发性 RAM 两大类。其中 ROM 可分为掩模 ROM（Mask ROM）、可一次编程的 ROM（PROM）、紫外线可擦除的 ROM（EPROM）和电可擦除的 ROM（EEPROM）。闪存 Flash 是在 EPROM 和 EEPROM 基础上发展起来的新型不挥发性半导体存储器，和传统存储器的最大区别在于它是按块擦除，按位编程，从而实现了高速快闪擦除。不挥发性 RAM 是在 RAM 之后发展起来的一种新型半导体存储器，主要包括铁电存储器（FRAM）、不挥发 SRAM（NVSRAM），目前它的应用十分广泛。

我们通常所指的计算机的存储器包括 RAM 和 ROM，RAM 包括 DRAM 和 SRAM。存储器的主要部分通常为 DRAM，所谓的"动态"，是指在数据写入 DRAM 之后，经过一段时间后，数据将丢失。DRAM 存储数据为 0 或 1 取决于存储器单元电容器是否具有电荷，有电荷表示 1、没有电荷表示 0。但是随着时间增长，表示 1 的电容器电荷将会放电，表示 0 的电容器将会吸收电荷，这样就造成了数据的丢失。存储器刷新电路会定期检查存储器单元电容器，如果电容器电荷量大于完全充电时的 1/2，则认为该存储器单元数据是 1 并为电容器充满电；如果电容器电荷量小于完全充电时的 1/2，则认为该存储器单元数据是 0，并将电容器已有的存量电荷进行放电，从而保持数据连续性。SRAM 主要用于计算机的高速缓存存储器，ROM 主要用于计算机的 BIOS 内存。

半导体存储器的主要性能指标有以下几种。

1. 存储容量

存储容量是指存储在半导体存储器中的信息量。半导体存储器的容量越大，存储程序和数据的能力越强。

2. 访问速度

存储器的访问速度由访问时间表征。访问时间是指存储器从接收中央处理器（CPU）发送的地址到存储器给出的数据稳定地出现在数据总线上所需的时间。访问速度对 CPU 和内存的时序至关重要。如果内存访问速度太慢而且与 CPU 不匹配，则 CPU 读取的信息可能不正确。

3. 存储器功耗

存储器功耗是指在正常操作期间消耗的电功率量。通常，半导体存储器的功耗与访问速度有关，访问速度越快，功耗越大。因此，在保证访问速度的前提下，存储器的功耗应尽可能小。

4. 工作稳定性和可靠性

半导体存储器的稳定性是指其抵抗周围电磁场干扰、以及温度和湿度变化的能力。由于半导体存储器通常使用超大规模集成电路（VLSI）工艺制造，因此它们通常具有很高的稳定性，以及数千小时的平均无故障时间。

5. 集成度

半导体存储器的集成度是指其可以集成在平方毫米芯片上的晶体管的数量，有时也可以通过集成在每个芯片上的 "基本存储器电路" 的数量来表征。

■ 第三节　光存储介质工作机理分析

光存储介质利用其存储结构的变化实现信息存储。存储结构主要是由记录层和反射层组成，记录层上有凹凸不平的凹坑，当光通过记录层照射反射层后，记录层上面凹凸不平的小坑就会产生不同的光反射效果，通过检测反射光信号的强度就可以转化为 0 和 1 数字信号。因此，光盘上光存储介质上规则的凹凸不平结构就构成了光存储信息。光盘刻录就是按照规定的标准，根据需要存储的数据，在光存储介质记录层形成与存储数据相对应的凹坑结构的过程。这一过程通常是借助比较强的激光，在光盘记录层上烧出不同的凹坑区，从而把二进制数据刻在具有反射能力的盘片上。数据记录规则是，由凸区到凹坑区和由凹坑区到凸区过渡的边沿处代表数字 "1"，非边沿处的凸区或者凹区代表数字 "0"，或者说凸区和凹坑区的长度代表数字 "0" 的个数。由于光盘外面还有透光保护膜，因此记录层烧出的凹坑小到难以用肉眼看出来，不过刻录过和没有刻录过的区域还是能够看出的。

光盘只是一个统称，它分为两类：一类是只读型光盘，其中包括 CD—Audio、CD—Video、CD—ROM、DVD—Audio、DVD—Video、DVD—ROM 等；另一类是可记录型光盘，包括 CD—R、CD—RW、DVD—R、DVD＋R、DVD＋RW、DVD—RAM、Double layer DVD＋R 等类型。

CD 光盘和 DVD 光盘是两种不同的数据存储记录标准，DVD 光盘数据记录（刻录）间隔更小，凹坑长度约为 0.47 μm（CD 的凹坑长度为 0.83 μm），凹坑间的距离只是 CD 的 50%，并且轨距只有 0.74 μm（CD 的轨距为 1.6 μm）。因此相同大小的光盘，DVD 光盘的数据存储量更大。CD/DVD 光驱设备主要由激光发生器和光监测器两大部分组成。激光发生器实际上就是一个激光二极管，首先产生对应波长的激光光束，然后经过一系列的光学处理后射到光盘上。光监测器首先捕捉光盘反射回来的激光信号强度，如果反射激光信号的强度发生了跳变，计算机就知道这个点代表一个数字"1"；如果反射激光信号的强度没有发生跳变，那么计算机根据信号强度不发生变化的时间长度，来确定数字"0"的个数；然后计算机就可以将这些二进制代码转换成为原来记录的数据。当光盘在光驱中做高速转动，激光头在电机的控制下通过径向移动，数据就可以源源不断地读取出来了。

第三章

电子设备磁存储器件处理技术

本章主要内容包括磁存储器件数据恢复技术、磁存储器件存储信息清除技术、磁存储器件去磁销毁技术、磁存储器件热销毁技术、磁存储器件物理销毁技术以及磁存储器件销毁方法选择。

■ 第一节 磁存储器件数据恢复技术

数据恢复实质上是一个把异常数据还原为正常数据的过程。数据恢复技术是指针对已被破坏的数据采取各种手段将其复原或提取的技术，目的是恢复或提取有价值、有意义的数据。这里主要讨论磁盘恢复技术。

一、常规磁盘数据恢复技术

常规的磁盘数据恢复技术主要是恢复由于系统或人工误操作，或者是系统高级格式化，导致的数据文件丢失的情况。在该情况下，文件丢失的原因是系统分区表中保存的指向数据文件区域的指针丢失，系统不能在系统运行正常的情况下通过正常的系统调用获取数据区，而数据区并没有被删除或覆盖。数据恢复的方法是恢复文件的分区表和文件系统，一般通过软件的方法就可以实现，具体体现为重置活动分区，获得 CHK 磁盘碎片文件，重新组成文件等一系列的操作。主要分为主引导记录的恢复、分区的恢复和文件的恢复。目前，常用的数据恢复软件有 DiskGenius 软件和嗨格式数据恢复大师。

二、磁介质残留数据恢复技术

1. 基于磁光克尔效应的激光扫描技术

该方法采用激光束对磁介质表面进行扫描，根据磁光克尔效应原理，磁表面记录的数据不同，磁场强度也不同，相应的数据信号强度也不同，最终通过的激光束信号也不同，把这些信息保存在计算机当中，通过专门的算法分析，就可以恢复原来的数据。该方法由于技术上的限制生产出来的产品只可操作软盘这种低容量的磁存储介质，目前已经基本淘汰。

2. 磁力显微镜技术

磁力显微镜技术利用一个尖锐的磁性探针来接近被分析的磁介质表面，通过探针和磁介质表面的采样点的磁场作用，就可以生成高分辨率的磁化区域图像。磁力的大小是通过光学干涉仪器或隧道效应传感器对探针悬臂的垂直位置测量得到。通过探针的来回水平移动，就可以得到磁化区域的图片。通过图像特征和相应推理算法就可以恢复原来的数据内容。该技术不仅可以用来恢复数据，也可以用来判断销毁数据的彻底性，具有不破坏磁介质的优点，目前为磁介质的主流恢复工具。

3. 扫描隧道显微镜技术

扫描隧道显微镜（Scanning Tunneling Microscopy，STM）技术是比磁力显微镜更先进的技术，该技术的原理是先向被检测的磁化区域表面放置一些纯镍材料，基于量子力学的隧道效应，通过探针与磁介质表面之间保持一定的微小的直流电势来测量产生的电流，通过调整探针和磁力材料的垂直距离来保持电流的恒定，这样就可以得到磁力梯度的图片，通过磁力梯度就可以恢复数据。同样，该技术也可以作为检测销毁数据是否彻底的工具。

■ 第二节　磁存储器件存储信息清除技术

计算机操作系统针对数据清除设计了删除和格式化等操作。因此传统意义上的数据"清除"，是指利用计算机操作系统的删除和格式化操作进行文件清除，删除的文件以及被清除的存储介质中的数据是可以用其他操作或特殊软件工具进行恢复的。

随着人们对数据安全重要性认识不断加深，开始出现防止数据文件用常规方法进行恢复的技术，如数据覆写技术。所谓覆写，是一个将不保密的或无用的数据写到以前保存有敏感数据存储单元的过程，即对存储介质上的数据进行覆盖，使其无法被恢复。其基本原理是：首先用一个字符和一个互余的字符覆盖数据的单元；然后用一个随机的字符继续覆盖，直到使保密数据被非保密数据彻底覆盖为止。这种意义上的数据文件清除称作"安全清除"，因此安全清除是利用软件手段实现的数据清除操作。

一、常规 Delete 删除和文件粉碎

在 Windows 系统中，系统带有 Delete 删除功能，用户选中数据文件后，按 Delete 键就可以删除文件，这时要删除的文件都被放入回收站中。如果想彻底删除，Windows 提供 Shift+Delete 功能，该功能是目前绝大多数用户使用的彻底删除文件的方法。该方法的主要目的是让用户删除一些文件，腾出磁盘空间。该方法的原理是在分区表中把记录的文件指针项置空，使系统无法找到文件，而数据文件实际上是完好无损的，该方法删除的文件很容易被恢复，目前常用的数据恢复软件都可以实现数据恢复。磁盘的高级格式化技术同样也是对文件系统的分区表做一个调整，而数据部分完全没有被擦除，所以格式化后仍然可以通过数据恢复软件来恢复。

文件粉碎则是针对 Delete 删除和格式化存在的缺陷进行了相应改进，文件粉碎的原理是：在 Delete 删除的基础上，把文件的数据区域也删除，删除的方法就是把这块区域覆盖掉。遗憾的是，目前大多数文件粉碎的工具并不能做到这一点，它们只是把磁盘上某个空间填充上数据，让原文件指针指向该空间而已。

二、软销毁的数据覆盖技术

常规的 Delete 删除和文件粉碎不能从根本上解决数据销毁的问题，于是产

生了数据覆盖技术。数据覆盖技术的原理非常简单，就是把磁盘上的数据用新的数据覆盖从而把原数据从磁盘上擦除。目前，主流的覆盖标准有全零覆写标准、DoD5220.22-M 简单覆写标准、DoD5220.22-M7 擦除标准、RCMP TSSITOPS-Ⅱ标准和 Gutmann 标准。不同标准要求的覆写次数不同，覆写次数越多则销毁越彻底。

▨ 第三节　磁存储器件去磁销毁技术

所谓消磁，是指将具有磁性的介质去除磁性的过程，也就是打乱存储介质中的磁域，使其返回到初始的空白状态。通过施加反向磁场使磁感应减少到零，也称为"去磁"。

一、消磁的基本原理

在正常状态下，磁存储介质中的磁性颗粒按一定规则排列，不同的排列方向代表存储不同的数据。消磁的本质是对存储介质加瞬间强磁场，当该磁场强度大于使得磁存储介质消磁的磁场强度时，磁性存储介质的磁性颗粒的磁化方向就同外加强磁场的方向一致，该强磁场使得磁性材料达到饱和磁化强度，所以撤销磁场后，磁性颗粒的方向就永久地发生改变了。如果磁性颗粒原来的磁化方向与外加强磁场的方向不一致，就会发生磁通翻转，打乱了原顺序，从而实现了磁性存储介质消磁的目的。

二、消磁设备及工作原理

消磁设备是一种能够对磁性存储介质进行消磁提供强磁场的设备。常见的消磁方法有：交流清除，通过施加幅度随时间由初始高峰逐渐减小的交变磁场对介质进行消磁；直流清除，通过施加单向磁场（直流电或永久磁铁）使磁介质饱和。为了达到安全的消磁效果，消磁设备必须能够产生足够强度的磁场。这是因为消磁方法的有效性取决于消磁设备产生的磁力和存储介质固有的顽矫力二者之间的相对强度。所谓顽矫性，是使用磁场强度为度量单位描述磁性材料特性的一种指标，是将磁感应从原来的剩余状态还原到零所需的反向外磁场强度，也就是将介质由记录状态转换到非记录状态所需的外磁场强度。通常至少使用相当于介质顽矫力（为了将磁感应减少到零而施加的负的或反向磁力，即磁性介质对消磁作用产生的阻力）5 倍的磁力才能保证对磁性存储介质充分地消磁。因此，合格的消磁设备需要通过计算机系统安全性评估标准的安全测试，并达到了安全清除磁性存储介质中敏感数据的指标要求。

▨ 第四节　磁存储器件热销毁技术

铁磁性或亚铁磁性材料都存在一个居里温度，当磁性材料高于这个居里温度时，自发磁化强度为零，磁性材料转变为无序的顺磁状态。热消磁技术就是基于磁性材料的居里温度的这个特性，通过某种途径，使磁性材料的温度升至该磁性材料的居里温度以上，磁介质就会失去磁性，达到破坏磁介质中磁性颗粒的有序排列规则。当温度降至居里温度以下时，磁性颗粒的磁场已经被破坏，不会恢复，从而实现销毁数据的目的。

热消磁技术的优点是消磁速度快。缺点是需要的温度较高，并且磁盘的容量不同，居里温度也不同，造成设备成本比较高。目前，热消磁的成熟产品和设备还比较少。

▨ 第五节　磁存储器件物理销毁技术

所谓物理销毁，是指在得到认可的金属销毁设施中用特定的方法对存储介质进行物理破坏，使其无法还原使用。具体来讲，通常使用以下方法之一对硬盘销毁破坏。

1. 存储装置整体破坏

存储装置整体破坏是通过熔炼或者粉碎的方法对存储装置进行整体破坏。

2. 存储装置焚化

存储装置焚化是通过焚烧的方法对存储装置进行破坏。

3. 存储介质物理破坏

存储介质物理破坏是使用金刚砂轮或磁盘磨光机等研磨的物质打磨磁盘或磁鼓的表面，确保全部的数据记录表面都被完全清除。同时，做好适当的防护，不要吸入打磨的粉末。

4. 存储介质化学破坏

（1）使用浓缩氢碘酸（浓度 55%～58%）溶解磁盘表面的三氧化二铁微粒，这种方法只能由专业人员在良好通风的环境中进行。

（2）使用酸活化剂和剥离剂处理磁鼓记录表面，然后使用工业丙酮清除磁鼓表面的残余物。

以上方法应该在通风良好的环境中进行，人员必须佩戴眼罩，处理酸液时一定要非常小心，此过程只能由专业的得到批准的人员进行。

物理销毁对于所有的存储介质来说，是唯一可以经受得起安全性随机检查的方法。对于清除数据来说效果是最好的，既可以进行机器研磨、粉碎，或者是完全烧毁，也可以使用化学药剂（如浓酸）。其缺点是为了清除数据付出的代价也很大，因为数据清除的同时，存储装置（设备）也被破坏了；对于使用化学药剂清除磁盘表面，操作过程还具有一定的危险性。

■ 第六节　磁存储器件销毁方法选择

通过以上销毁技术的分析可以看出，从销毁效果来看：① 热销毁、物理破坏效果最好，能够让存储介质从物理上无法复原，数据销毁的可靠程度最高；② 消磁法效果次之，它破坏了存储介质的磁性结构，磁盘经消磁后也不可再使用；③ 化学腐蚀法的效果随着介质材料的更新正在不断减弱，不少厂家提高了介质材料的抗腐蚀性，导致物理销毁中化学腐蚀法存在不能完全将数据销毁的可能性；④ 数据覆盖法效果最差，覆写数据清除方式并不能保证将数据的痕迹清除干净，随着数据恢复技术的不断提高，数据仍有被恢复的可能。

从销毁效率来看，消磁法效率最高，数秒钟即可完成；高温销毁法效率次之，物理销毁法需要时间较长；数据覆写法需要不断重复填写数据，所需时间最长。

不同的销毁方法有不同的特点，针对各种销毁方法的特点，可以采用取其所长、避其所短的方法。例如，对于非密数据的存储介质，可以采用数据覆写法，处理完成后的介质仍可重复使用。对于存储过涉密信息的存储介质，按照涉密载体的有关规定，必须保证信息不可恢复，因此采用从物理状态上销毁存储介质的方法最为可靠，如采用物理破坏、热销毁、化学腐蚀等方法。

第四章

半导体存储器件脱密与销毁处理技术

半导体存储介质使用非常广泛，这也为此类信息存储介质的安全销毁提出严峻的挑战。人们日常使用的 U 盘就是非常典型的半导体存储介质。本章针对半导体存储介质的存储原理和物理结构，提出有效的安全销毁方法，分析使用破碎法进行安全销毁时的破碎规律，以优化操作条件，提高破碎效率。

▇ 第一节 半导体存储器件数据恢复技术分析

对于不挥发性半导体存储器中的数据无法读取的现象通常可分为以下三类：

（1）半导体存储器中的文件丢失或分区丢失，造成这种现象的原因可能是用户误操作、病毒引起的半导体存储器文件被删除、半导体存储器被错误的格式化、半导体存储器的驱动程序出错造成分区丢失。

（2）半导体存储器的芯片部分损坏，例如两片存储芯片中的一片损坏。

（3）半导体存储器的外围电路损坏，主要有石英晶振损坏和控制芯片损坏两种。

对于第（1）种情况，可以通过使用一些常用的数据恢复工具直接对半导体存储器做数据恢复操作，这种方式在大部分情况下均可获得 100% 的数据恢复率。即使用户错误地将半导体存储器完全格式化，此方法也可恢复部分数据。对于第（2）种情况，要恢复半导体存储器中的部分甚至全部的数据在目前并没有很有效的方法。对于第（3）种情况，如果驱动芯片损坏了，将会导致半导体存储器中的数据完全无法被计算机读取，这种情况恢复软件也就无法工作；如果出现第（2）种情况，某个半导体存储器中的两片存储芯片中的一片损坏，则会直接导致半导体存储器的驱动无法正常工作，也就更加无法支持数据恢复软件的工作。第（2）种和第（3）种情况均会导致数据恢复软件因为无法读取底层扇区的信息，而没有恢复数据的工作基础。这两种情况的数据恢复难题可以通过一种通用的直接对读取芯片内容的数据进行恢复的方法得到解决。如前面提到的，如果半导体存储器内的文件系统未被破坏，首先半导体存储器内的文件数据也都保存完好，只是外围电路受到了损害，或是部分芯片损坏，那么可以直接将芯片中的数据读出，然后将之传输到计算机中保存为二进制映像；最后使用数据恢复技术对该映像进行操作，便可以逐步恢复数据直至全部恢复。

▉ 第二节　半导体存储器件存储信息清除技术

对于挥发性 SRAM 和 DRAM 来说，设备断电后，只要取下备用电池，存储器存储的信息便可自然清除。

对于不挥发性存储器来说，存储信息清除通常有两种操作：页覆写，即向销毁页中写入数据，覆盖原始存储的数据；块删除，即通过删除块中的所有数据来清除原始存储的数据。除了上述两种信息清除方法外，基于密文保护的方法也是一种半导体存储器件信息清除方法。

一、页覆写方法

页覆写方法指的是采用正常的 I/O 命令对指定的页进行覆写，达到清除当前页中存储数据的目的。半导体存储器通常以页为写操作的单位，无法实现对单个比特位的覆写。页覆写方法的基本流程如图 4-1 所示。

二、块删除方法

块删除方法利用半导体存储器块擦除的操作特性，通过擦除整块来实现销毁敏感信息的目的。块删除方法的流程如图4-2所示，当存储器中的待删除页占比较多时，首先将有效页复制到其他块的空白页中；然后擦除目标块。其优点是删除单位大，在大规模删除中占有优势，能够减少系统开销；其缺点是不够灵活。

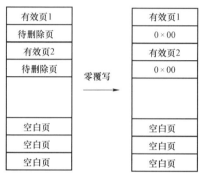

图4-1　页覆写方法的基本流程

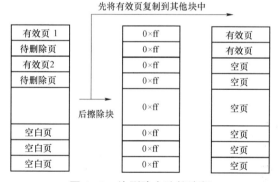

图4-2　块删除方法的流程

　　页覆写和块删除这两种方法在销毁数据方面的时间开销不同，同时对存储器自身性能潜在的影响也不同。例如，块删除只需要一个操作就可以销毁块中的所有数据。然而，如果块中的部分页含有有效数据，那么在执行块删除前，有效数据必须要复制到其他地方。相比而言，页覆写可以单独地作用于块中的任意一页，而无须考虑其他页。因此，如果块中的所有数据都需要销毁，通过执行块删除的开销会比页覆写要低。相应地，如果只有少量的数据需要销毁，则页覆写在时间开销上可能更占优势。另外，这两种方法对半导体存储器性能方面的影响不同。擦除后的块则用于后来的写请求，因此块删除方法是一次垃圾回收的过程，对半导体存储器的效率有提升作用。页覆写方法对半导体存储器的性能则没有这方面的影响。许多半导体存储器逻辑销毁方案基本上都以页覆写和块删除两种销毁方法为基础，依据不同的应用需求，采取单个或两者结合的销毁方法。

三、基于密文保护的方法

基于密文保护的方法比较特殊，确切地说它是一种保护数据的方式，将敏感信息或明文通过加密算法转换成密文的形式进行存储。当需要清除被保护的信息时，只需要清除数据加密密钥即可，基于密文保护方法的流程如图 4-3 所示。因为销毁数据加密密钥需要的工作量相对非常少，能节省大量的时间，而且基于密文保护方法的产品也得到了很多安全部门的认可，所以越来越多的半导体类存储设备对数据保护采用了基于密文保护的方法。只要保护好数据加密密钥，即使用普通的加密算法，也不太可能从存储器中恢复出有用数据。

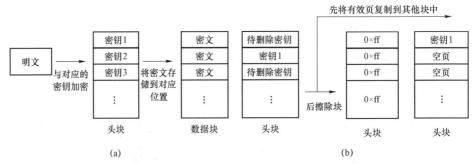

图 4-3　基于密文保护方法的流程
（a）数据存储过程；（b）数据删除过程

▧ 第三节　半导体存储器件物理机械破碎销毁技术

半导体存储器件可以分为挥发性和不挥发性两大类，当断掉电源后，挥发性存储的信息会消失，不挥发性存储的信息不会消失，因此不挥发性半导体存储器件的安全销毁对于信息安全保障意义更大。但是，采用半导体存储介质机械破碎方法，二者的信息销毁原理和方法是完全一致的。

一、信息销毁原理

半导体存储介质是利用 CMOS 元器件进行信息的存储与读取的。目前 CMOS 元器件也派生出种类较多的信息存储器件，但其本质上都是依靠半导体寄生电容存储信息。这项信息存储技术是运用半导体晶片上的激光刻槽技术，再结合寄生电容和控制电路，进而实现信息存储与读取。因此，破坏了 CMOS 元器件中的半导体晶片，断裂部分的信息也就不能够再被读取出来，从而实现了该部分信息的销毁。由此可见，在某一个标准下，只要确保 CMOS 元器件中的半导体晶片被破坏，就能够认为其中存储的信息已经被完全销毁。

机械破碎是最适用且有效的半导体晶片破坏方法。在破碎过程中，可以通过控制破碎时间来控制半导体存储介质的破碎粒度，以满足不同保密要求的需要；同时破碎也作为资源化的第一步，为后续的分选工作提供基础。

二、半导体存储介质销毁方法

根据破碎过程工作原理的不同和破碎设备机械结构的差异，破碎设备通常可以分为颚式破碎机、圆锥破碎机、锤式破碎机、辊式破碎机和反击式破碎机等。不同的破碎机具有不同的工作原理和工作条件要求，对于适宜的破碎对象往往能够表现出优异的破碎效果和破碎效率，如果破碎机和破碎对象匹配不当，则会导致破碎效果的不佳和破碎效率的降低。因此，针对半导体存储器机械破碎，正确选择破碎机是十分重要的。

一般来讲，破碎机的选择既要综合考虑破碎对象的强度、硬度、黏结性等物理性质，也要考虑物料的粒度组成和最大粒度限制等工艺要求。与传统的塑料、金属、矿石等传统破碎物料相比，半导体存储器具有十分独特的破碎性能。一方面，半导体存储器主要由强化树脂板及其上面附着的铜片、芯片等组成，这些材料硬度高、韧性强，更倾向于在剪切力作用和冲击力作用下发生破碎；另一方面，半导体存储器上面的材料彼此之间又呈现出截然不同的力学性能，如半导体存储器中含有的铜、铝、铁等金属延展性好，在冲击力的作用下不易于发生断裂或裂缝，更容易富集形成粗颗粒，需采用剪切力才能使之破碎到更小的粒度；锡、铅、锑等金属脆性大，破碎过程中容易断裂并能够富集在较细颗粒中；而树脂板是一种脆性材料，但其中含有较多纤维结构，且相对体积较大，容易富集在粗颗粒中，也很难采用单一的冲击力或剪切力达到理想的破碎效果。

颚式破碎机、反击式破碎机等都是主要依靠挤压力发挥作用对物料进行破碎的，这种破碎方式对于半导体存储器则很难达到充分解离和破碎的效果。锤式破碎机能够同时对物料施加冲击力和剪切力，十分适用于半导体存储器的破碎。同时，由于半导体存储器的破碎必须满足半导体存储介质的破碎粒度要求，并且半导体存储器的相对二维尺寸很大，任何单一的剪切式破碎无法达到处理要求。因此，通常采用剪切式破碎和冲击式磨碎的一级粗粉破碎和二级细粉磨碎结合对半导体存储器进行破碎处理。粗粉碎处理过程使用施力方式为劈碎和磨碎为主的剪切式破碎机；细粉碎处理使用施力方式为冲击和磨削为主的冲击式破碎机。

物料的最终颗粒粒径和粒度分布是由冲击式破碎机的细粉碎过程决定的，因此半导体存储器破碎工艺的关键集中于冲击式破碎机的破碎过程，冲击式破碎机的主要工作部件是带有锤头的转子。转子由主轴、销轴、圆盘和锤头构成。物料首先从破碎机上方的给料口进入破碎机内，由于破碎机内部的锤头围绕水平或垂直轴高速运动，向物料施加剧烈的剪切、冲击、研磨作用；然后借助于物料与破碎机内部固定体及颗粒之间的相互冲击碰撞，最后达到粉碎物料的目的。在破碎机转子的下部设有产物筛板，粉碎物料中小于筛孔尺寸的物料颗粒直接通过筛板排出粉碎机，大于筛孔尺寸的粗颗粒则被阻留在筛板上继续受到锤头的打击和研磨，颗粒粒径继续减小直到最后通过筛板。破碎机中物料的粉碎主要通过以下三种作用形式：

（1）高速旋转的锤头对被破碎物料颗粒施加的冲击作用和磨削作用。

（2）物料颗粒与破碎机内部衬板间的碰撞导致的粉碎作用。

（3）物料颗粒间相互的碰撞导致的粉碎作用。

◼ 第四节　半导体存储器件化学销毁技术

除机械破碎外，还可以利用高温对存储介质进行熔炼和利用化学腐蚀试剂对存储介质进行腐蚀的方法，从而达到破坏存储介质及其存储数据销毁的目的。化学腐蚀试剂主要采用强酸或强氧化剂，通过破坏半导体存储器件存储介质的方法达到数据销毁的目的。但是，上述方法都会伴随一定的环境污染，不利于报废存储介质的无害化和资源化。

因此，从目前的工程实践来看，采用物理机械破碎方法销毁半导体存储器件是综合效果最佳的方案。

◼ 第五节　半导体存储器件销毁方法选择

通过对半导体存储器件销毁技术的分析，从销毁效果来看，半导体存储器件物理破坏销毁技术效果最好，能够使存储介质从物理上无法复原，数据销毁的可靠程度最高；存储信息清除法效果次之，通过页覆写和块删除两种操作来清除原始存储的数据，或者使用加密算法防止从存储器中恢复出有用数据，但是这些方法还是存在误操作或者数据加密密钥泄露导致数据被恢复的可能性。从销毁效率来看，半导体存储器件物理破坏销毁技术销毁效率都很高，但是除机械物理销毁法外，采用热销毁或化学腐蚀法等方法销毁半导体存储介质，会造成一定的环境污染，不利于环境保护和资源分选回收；存储信息清除技术销毁效率很低，可能需要较复杂的技术准备阶段和较长的处理过程时间。

第五章

退役报废电子设备回收处理技术

对退役报废电子装备,如不进行有效处理,随意丢弃或处理处置方法不当,不仅会巨大的资源浪费,也给环境带来严重威胁,其主要危害表现在以下几个方面:

1. 环境污染

退役报废电子设备因含有不可分解的有毒物质,如铅、铬、镉、汞重金属,聚氯乙烯塑料、酞酸酯和溴化阻燃剂等有机物质,甚至含有多氯联苯等持久性毒性有机物。如果不加处理,任意堆放或填埋,会对环境带来很大的威胁。印制电路板和电子元器件如果随意燃烧,其中的含卤族元素的阻燃剂会产生致癌物质,能排放出大量有害废气,破坏臭氧层并能形成酸雨,对人类的健康和周围环境都会造成严重的威胁,而且使得废弃物更加难以处理。

2. 信息泄露

工业、商业和政府机构退役报废的各种专用电子设备,以及公民个人废弃的私用电子设备都可能蕴含着大量与工商业产品、运营、政府机构管理相关的软/硬件技术数据信息和国家秘密信息,以及公民个人的各种隐私信息。这些电子设备如果不经过彻底的安全处理,则通过开展设备恢复和逆向工程设计,即可获取设备的设计信息、履历信息、应用信息,以及内部存储的各类秘密数据信息和公民个人隐私信息,这些信息一旦被泄露,损失难以估计。

3. 资源浪费

从资源回收的角度,退役报废电子设备中蕴含的经济价值也是很大的,其组成含有有色金属、黑色金属、塑料和玻璃等。以贵金属为例，其中某些金属的含量是相应金属矿床工业品位的几倍或几十倍，具有广泛的回收前景，比直接开采自然矿床进行冶炼得到同等材料所花费的成本和产生的污染要少得多。研究表明，在 1 t 随意搜集的印制电路板中，一般可以分离出铜 271 kg、黄金 80 g、锡 39.6 kg。

电子设备通常由设备结构体、印制电路板、显示器、电池以及其他电子元部件组成，其中设备结构体、印制电路板、显示器、电池构成了绝大多数电子设备组成的主体。从资源化利用和污染防治角度，退役报废电子设备回收处理主要考虑设备结构体、印制电路板、显示器和电池四类组成的处理方法。

本章主要介绍电子设备回收处理技术，分为以下五个部分：① 电子设备结构材料回收处理技术；② 电子设备印制电路板回收处理技术；③ 电子设备显示器回收处理技术；④ 电子设备电池回收处理技术；⑤ 电子设备回收处理过程中产生的有害物质及其处理。

■ 第一节　退役报废电子设备结构材料回收处理技术

一、退役报废电子设备结构拆解

拆解是退役报废电子设备资源化的重要环节，关系到退役报废电子设备回收的效率及成本。拆解是将整机的零部件从机身分离后，按可利用情况再进行分类的过程，主要指再利用、维护后使用、销售、回收利用、废弃，如图 5-1 所示。

按照退役报废电子设备拆解和回收处理基本流程，在保证回收利用和其他后续处理要求的前提下，对退役报废电子设备进行大部和细部拆卸解体。对整体或局部严重锈蚀、变形、扭曲者，可采取破坏性分解。拆解的一般要求如下：

（1）分解需要回收的零部件时，应按要领操作，确保零部件不受破坏，保证进一步的回收利用率。

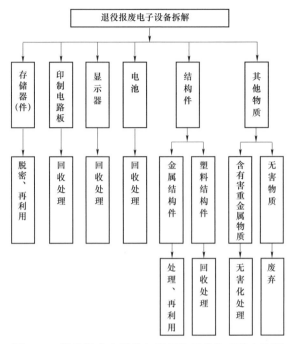

图 5-1　退役报废电子设备拆解和回收处理基本流程

（2）在不影响电子元器件进一步回收处理的前提下，对按正常方法难以分解的各种结构件，可采取相应安全、省工的破坏性手段实施拆解。

（3）设备拆解作业，应按照拆解的工艺方法和操作规程组织实施。拆解工具、设备有限位、限力、限速要求的，按照规定的方法操作，实施文明作业。不具备拆解条件或不能保证拆解安全时，不准拆解。拆解前必须进行安全检查。

二、退役报废电子设备结构件回收

退役报废电子设备结构件主要是金属结构件和非金属结构件两大类，回收处理也主要按照这两大类进行。退役报废电子设备结构拆解后，分选出电子元器件（印制电路板、显示器、电池等）后，剩余的主要是金属结构件和非金属结构件两大类。

1. 金属结构件回收

拆解下来的金属结构件首先进行分选，对于技术状态良好的通用件和标准件，可以有选择地回收利用；对于其他普通金属结构件和零部件，金属成分主要为基本金属（铜、铁、铝）的合金，可以按照金属材料种类进行分类。

分选出的通用件和标准件，经技术鉴定合格后，进行必要的技术处理，按型号分类、涂油包装、入库保管，转入回收使用。

分选出的各类金属材料件，可以作为金属材料，实现再生利用。

2. 塑料结构件回收

塑料是退役报废电子设备结构材料的重要组成部分，在电子设备中塑料所占的比例高达30%～40%。电子设备中常用的塑料有热塑性材料如聚乙烯、聚丙烯、聚苯乙烯、工程塑料树脂、聚氯乙烯等和部分热固性树脂如聚氨酯泡沫、尼龙和加入玻纤的塑料等，其中聚乙烯、聚丙烯、聚苯乙烯、聚氯乙烯、工程塑料五大材料占整个电子设备塑料制品的85%以上。其中，使用率较高、回收价值较大的主要是工程塑料、聚丙烯和聚苯乙烯；热固性塑料、发泡聚氨酯、玻璃纤维增强塑料则相对经济价值较低，回收经济性差。

目前，塑料的处理方法主要有三种：填埋、焚烧、回收和再利用。填埋和焚烧方法简单易行，是目前各国处理废弃垃圾的主要方法。例如，美国废塑料填埋、焚烧、回收和再利用的比例分别为37%、18%和35%；塑料生产第二大国日本的数据显示，废塑料填埋、焚烧和再利用的比例分别为37%、51%和12%；欧洲回收和再利用工作做得最好的意大利塑料的回收率也只达到28%。在循环经济的要求下，必须要加强报废塑料的回收和再利用，常见报废塑料回收和再利用流程如图5-2所示。

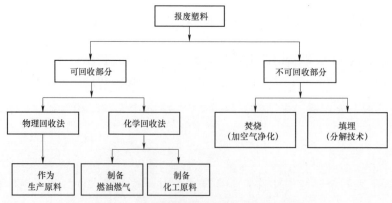

图5-2　常见报废塑料回收和再利用流程

三、报废塑料回收处理技术

报废塑料回收处理技术主要包括：机械法回收处理技术，其目标是作为树脂原料再利用；化学法回收处理技术，其目标是再生为树脂原料单体或再生为油、气等原料再利用；能量法回收处理技术，其目标是用作固体燃料或液体燃料回收能量再利用。

（一）机械法回收处理技术

目前，机械法回收处理技术是应用最广泛的报废塑料回收技术，是在不改变塑料性质的前提下对报废塑料进行回收，最后得到粒状的塑料原料，关键技术是对报废塑料进行科学的分离。机械法回收处理投资低，工艺简单，操作灵活，适用范围广，目前在日本、欧美等发达国家已经实现了大规模商业化操作。机械法回收处理几乎适合于所有热塑性塑料（如聚氯乙烯、聚乙烯、PET 塑料等）和部分热固性塑料（如聚氨酯、聚乙烯、环氧树脂和不饱和树脂等），同时机械法回收处理是节约能源、保护环境、实现材料再利用的最好途径，因此机械法回收处理是回收中首选的方法。但是机械法回收处理通常工序较多，而且受回收塑料的影响较大，得到的回收塑料性能往往下降较大，只能用作次一级的原料。

对于报废塑料的回收处理，使用物理机械法回收处理，其工艺流程如图 5-3 所示。在预拆解阶段把不含有害物质的单一材料的塑料件拆下来，达到一定数量后，寻找使用再生塑料的客户，并根据客户要求，对报废塑料进行破碎、洗净、改性、造粒，注射成合格的再生塑料件。处理过程中应尽量减少产生混合塑料，以降低处理成本。

（二）化学法回收处理技术

化学法回收处理是通过水解或裂解反应，使报废塑料分解为初始单体或还原为类似石油的物质再加工利用的技术。此种方法主要适合于热塑性聚烯烃类（如聚丙烯、聚乙烯、聚苯乙烯等）的回收。化学法回收处理包括热分解、热分解+催化剂分解、醇分解/水分解三类。

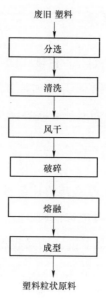

废旧 塑料

分选

清洗

风干

破碎

熔融

成型

塑料粒状原料

图 5-3 物理机械法回收处理工艺流程

1. 热分解

对于热塑性塑料制品，聚合物可分解成单体或石油来进行回收。如聚乙烯、聚丙烯、聚苯乙烯、聚氯乙烯等当加热到 200 ℃时，聚氯乙烯开始发生脱氯反应，继续加热到 300～500 ℃时，大部分分解成低碳化合物，进一步加热会发生断链反应。

但是，酚醛树脂、脲醛树脂等热固性塑料则不适合作为热解原料，PEP 塑料、工程塑料中有氮、氯等元素，热解时会产生有害或腐蚀性气体，也不宜作为热解原料；至于含氯元素的原料，利用热解法一定要进行脱氯处理。另外，热分解回收效率不高，通常 PMMA 有机玻璃回收率为95%以上，聚苯乙烯回收率为42%，聚乙烯、聚丙烯仅为2%。

2. 热分解+催化剂分解

裂解热塑性塑料的油化工艺流程如图 5-4 所示，将粉碎的废塑料由料斗定量供给挤出机，在挤出机中加热至 230～270 ℃被挤入熔融槽，再加热至 280～300 ℃时送入热分解槽，当温度到达 350～400 ℃时进行热分解，产生的烃类气体进入催化裂解槽（填充了合成沸石催化剂），接着经回流冷凝器、冷却器和分离槽获得分解油，最后经分馏塔实现分解回收。这一工艺流程适合热塑性塑料的处理，对聚烯烃类（聚乙烯、聚苯乙烯等）制油的回收率最高，质量最好。

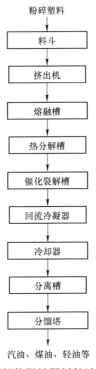

粉碎塑料

料斗

挤出机

熔融槽

热分解槽

催化裂解槽

回流冷凝器

冷却器

分离槽

分馏塔

汽油、煤油、轻油等

图5-4　裂解热塑性塑料的油化工艺流程

3. 醇分解/水分解

对于 PET 塑料、工程塑料、尼龙等含有氮、氯等元素，热解时会产生有害气体或腐蚀性气体，不宜作热解原料，回收难度较大。对于它们可用醇分解、水分解，能够得到较高的回收率。

（三）能源法回收处理技术

能源法回收处理是对难以进行材料再生的废塑料通过焚烧以利用其热能。常用于没有分类收集和分选的混合塑料，但是尾气中含有氯、氮等元素并有可能产生二噁英或氰化物气体，因此需要高效的焚烧设备。为了克服上述的缺点，可以将难以再生的报废塑料粉碎后与生石灰为主的添加剂混合、干燥、加压、固化成直径为 20～50 mm 颗粒，制成垃圾固体燃料，即垃圾衍生燃料，这样便于储存，燃烧时尾气排放量很少。

■ 第二节 退役报废电子设备印制电路板回收处理技术

印制电路板作为电子设备的基础部件，是各种电子产品设备的核心部件。据估计，在电子电子设备中，印制电路板所占的比重约为15%。印制电路板一般由高分子聚合物（树脂）、玻璃纤维或牛皮纸、高纯度铜箔基板上装配的多种电子元器件等组成。不同的产品，印制电路板的成分也不同。印制电路板最基本的结构是由基板绝缘层、金属铜导电层两层组成，根据不同的使用要求再在铜层上电镀上一些其他金属。成分是由塑料（30%）、惰性氧化物（30%）以及金属（40%）物质组成。金属成分中含有多种贵重金属（金、银和钯等）、稀有金属（铌和钽等）和大量的基本金属（铜、铁、铝、镍、锡和铅等）。年代越久远的电子元器件中稀有贵金属的含量越高。表 5-1 列出了各类印制电路板金属成分含量综合统计数据。

表 5-1 各类印制电路板金属成分含量综合统计数据

成分	铜	铁	铅	锡	镍	锌	镉	金	银	钯	钼	钴	铈
含量/%	27.1	4.1	2.4	3.96	1.8	0.008	0.036	0.045	0.045	0.011	0.014	0.08	0.05

一、印制电路板的物理结构特点

印制电路板按照电路原理将各个电子元器件连接起来，借导线连通可形成电子信号连接及应有功能，以完成电子指令。印制电路板可以提高电路运行效率，降低成本，使电路便于安装、运输和使用。

（一）印制电路板的组成

印制电路板主要由基板、电子元器件和焊锡三部分构成。在基板上焊接上电子元器件即成为印制电路板，普通印制电路板的结构如图 5-5 所示。

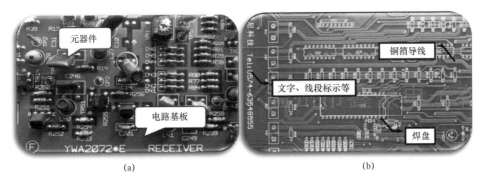

图 5-5 普通印制电路板的结构

（a）元器件面；（b）焊接面

1. 基板

基板是制作印制电路板的基本材料，一般情况，基板可以看作是金属（铜箔为主）与非金属（树脂和玻璃纤维）构成的二元矿物系，以增强材料作基材，浸以树脂为主体的黏结剂，经加热干燥，制成半固化状态的黏结片，单面或双面覆上铜箔，经加热加压而制成的复合材料。

基板按照材料的性质来划分，基本上可以分为纸基印制电路板、环氧玻纤布印制电路板、复合基材印制电路板、特种基材印制电路板等多种基板材料。

铜箔用黏结剂牢固地黏覆在增强材料上，就形成了覆铜板。覆铜板主要由铜箔、黏结剂、增强材料组成。增强材料一般有纸质和布质两种，主要原料是合成树脂，其中合成树脂主要有酚醛树脂、环氧树脂、聚四氟乙烯等。

1) 黏结剂

黏结剂是指将无黏性的增强材料与铜箔黏结在一起，以提高印制电路板的强度，并通过铜箔完成电路传输。一般选用高分子树脂聚合物作为黏结剂来浸渍增强材料，经热固反应后与增强材料黏结在一起成为基板。

用来制造层压板的树脂主要有环氧树脂、酚醛树脂、聚四氟乙烯树脂和聚酰亚胺树脂等。其中，由于环氧树脂的绝缘性高、结构强度大和密封性能好等许多独特的优点，已在高低压电器、电机和电子元器件的绝缘及封装上得到广泛应用，成为目前及今后用于印制电路板生产的使用量最大的树脂聚合物材料。

2）铜箔

铜箔是一种阴质性电解材料，沉淀于印制电路板基底层上的一层薄的、连续的金属箔，较容易黏结于增强材料上，是印制电路板中的导电体，用于导通整个电路。覆铜板主要选用电解铜箔（Copper Coil），铜箔纯度要求不低于 99.5%。铜箔采用机械加工和电积法生产，目前以电积法生产为主，铜箔厚度一般为 18 μm、25 μm、35 μm、70 μm 和 105 μm。

3）增强材料

增强材料用于加强印制电路板的力学性能或其他性能，起支撑作用。覆铜板的增强材料分为有机纤维和无机纤维两大类，其中使用最广的是属于无机纤维材料的玻璃纤维布。玻璃纤维的成分主要是铝硼硅酸盐，并含有一定量的碱金属氧化物。覆铜板采用的无碱玻璃布是指玻璃纤维的成分中含有的碱金属氧化物的质量百分数在 0.5%以下，如表 5-2 所示。玻璃纤维布的厚度一般为 0.06～0.25 mm，单位面积质量为 80～300 g/m^2。

表 5-2　覆铜板用玻璃纤维布的成分

成分	SiO_2	Al_2O_3	B_2O_3	CaO	MgO	Na_2O	K_2O
含量/%	54	14	10	17	4.4	<0.5	<0.5

2. 电子元器件

基板上几乎装配了各种类型的电子元器件，电子元器件按集成程度大致可以分为分离式电子元器件和集成电路元器件，分离式电子元器件包括电阻、电容器、电感器、晶体管、继电器、电位计、引线以及包装材料等；集成电路元器件包括扩展槽、各种插槽、连接器以及各种芯片等。

1）分离式电子元器件

分离式电子元器件主要包括电阻器、电容器、电感器和半导体晶体管。

（1）电阻器。按电阻的制作材料来分，电阻器可分为碳膜电阻器、金属膜电阻器、氧化金属膜电阻器和合成型电阻器等多种类型。表5-3列出了碳膜电阻器组成部位的物质构成。

表 5-3 碳膜电阻器分组示意图

序号	名称	材料
1	引脚	镀锡软铜线
2	电阻膜层	炭膜层
3	铁帽	镀铜、镀锡
4	基体	高纯度氧化铝瓷体
5	涂覆层	阻燃性涂料
6	色环	色码漆

（2）电容器。电容器是由介质隔开的两块金属极板构成的电子元件，是电子设备中的基础元器件之一，主要应用于储能和传递信息。根据其所用介质不同，可以分为无机介质电容器、有机介质电容器和电解电容器三类。无机介质电容器有陶瓷电容器和云母电容器两种。陶瓷电容器是以陶瓷材料作为介质的电容器，目前在无机介质电容器中，陶瓷电容器发展最快，产量最大；而云母电容器是以云母作为介质的电容器，其介电强度高，化学稳定性好、热膨胀系数小、耐热性好，并且具有优良的力学性能。有机介质电容器通常按组成电容的介质材料性质或类别分为三类：① 以天然纤维材料为介质的电容器；② 以人工合成的高分子材料为介质的电容器；③ 以复合材料为介质的电容器。第一类，如各类低价和金属化低价电容器；第二类，如聚酯膜、聚丙烯膜等各种有机薄膜电容器；第三类，如膜-膜等复合介质电容器等；此外，漆膜电容器也属于有机介质电容器。电解电容器与其他无机介质电容器和有机电容器相比，有其明显的差异：电容器的一个电极是用固体或液体电解质而不是用金属极板制成；电容器的介质材料是用经过特殊工艺处理而生成的金属氧化物，并利用其单向导电特性作为介质，如 $A1203$ 膜介质、$Ta205$ 膜介质。电容器的另一电极是用金属制成，如锡、铝等。

（3）电感器。电感器是指能产生电感作用的电子器件，一般由漆包线、纱布线或镀银线接头绝缘器上绕一定的圈数而构成，又称为电感线圈。电感器按照工作特性可将其分为固定电感线圈和可变电感线圈。

（4）半导体晶体管。半导体晶体管主要有二极管、三极管和场效应管等，通常是由半导体的晶体材料组成的。

（5）引线。引线材料通常分为内引线材料和外引线材料。半导体器材和集成电路组装时，为使芯片内电路的输入/输出连接点（键合点）与引线框架的内接触点之间实现电气连接，要借助直径十几微米到数百微米的微细金属丝内引线。通常作为内引线的微细丝有金丝、铝硅丝、纯铝丝及铜丝等。外引线材料通常采用纯铝丝、铜丝、银丝等。引线通常由框架材料来固定，制作框架的材料大致有四类：柯伐合金、铁镍合金、铜合金和铁系材料。其中，42Ni—Fe 铁镍合金是由42%的镍和铁组成的定膨胀材料；铜合金是一种以铜为主体（占 95%以上）与其他各种元素组成的性能各异的合金材料；铁系材料以铁为主（占 98%以上），含微量的碳、硅、锰等元素。

（6）塑装材料。通常将制作好的芯片封装起来，常用的封装材料有塑料、陶瓷和金属。其中，塑封材料以合成树脂和 SiO_2 为主体的多种辅料配制混炼而成。在合成树脂系塑封料中尤以环氧树脂被广泛采用，其次是硅酮树脂系塑封料。环氧树脂系塑封料以邻甲酚醛树脂、硅微粉（SiO_2）为主体，配入固化剂、促进剂、阻燃剂、脱膜剂、着色剂等辅助材料并均匀混炼、粉碎、打饼而成。硅酮树脂系塑封料由硅酮树脂、硅微粉为主体配入固化剂、促进剂、阻燃剂、脱膜剂、着色剂等辅助材料并均匀混炼、粉碎、打饼而成。陶瓷封装材料几乎都采用氧化铝瓷，经成型、装配、烧结制作管壳。此外，还有碳化硅和氮化硅瓷料和制品；金属封装材料中，广泛用作金属封装的外壳材料是碳钢，外引线材料是铁镍合金。

2）集成电路元器件

集成电路是通过特定的方式对硅进行蚀刻，在上面制造出多层的晶体管，价格低廉。集成电路的种类繁杂，而且内部结构复杂，按制作工艺可分为单片制造工艺和混合工艺。

单片制造工艺是制造集成电路最先进的工艺，整个电路被制作在一小块硅圆片上，电路由唯一的芯片或宝石构成。制造时，常从 P 型导电的硅衬底出发。在衬底上能外延生长出 N 型导电的晶体层，即将新的硅原子添加到现有的硅原子上，使之形成单晶结构。这种 N 型导电的晶体层称为外延。外延层包含了 SiO_2，在二氧化硅层的一定位置上刻蚀出洞孔，然后经过窗口，通过扩散某种杂质原子，实现掺杂，从而形成 PN 结。

混合工艺可分为薄膜工艺和厚膜工艺两类。薄膜工艺是首先在印制电路工艺发展起来的，真正的电路是在面积很小的陶瓷片上制作；然后与晶体管、二极管连同管壳一起焊接到电路中，配备上塑料之后被铸成组件。厚膜工艺中，作为载体，采用了不同的敷有氧化层的铝片或陶瓷片，互连导线用网印法印制，常采用导电膏剂，涂敷之后加以硬化和烧结。

3. 焊锡

焊锡是在焊接线路中连接电子元器件的重要工业原材料，广泛应用于电子工业、家电制造业、汽车制造业、维修业和日常生活中。通常来说，常用焊锡材料有锡铅合金焊锡、加锑焊锡、加镉焊锡、加银焊锡、加铜焊锡。焊锡主要的产品分为焊锡丝、焊锡条、焊锡膏三大类，应用于各类电子焊接上，适用于手工焊接、波峰焊接、回流焊接等工艺。

从是否含铅元素来分，焊锡分为有铅焊锡和无铅焊锡两种。

有铅焊锡是由锡（熔点 232 ℃）和铅（熔点 327 ℃）组成的合金。其中由锡63%和铅 37%组成的焊锡称为共晶焊锡，这种焊锡的熔点是 183 ℃。

常见的无铅焊锡主要由锡和铜组成，质量则由杂质含量是否控制好而决定。无铅焊锡具有以下特点：

（1）熔化后出渣量比普通焊锡少，且具有优良的抗氧化性能。

（2）熔化后黏度低，流动性好，可焊性高，最适用于波峰焊接工序。

（3）由于氧化夹杂极少，可以最大限度地减少拉尖、桥联现象，焊接质量可靠，焊点光亮饱满。

有铅焊锡与无铅焊锡的区别如下：

（1）从外观光泽色上区分。有铅焊锡的表面看上去呈亮白色；无铅焊锡则是淡黄色的。

（2）从金属合金成分区分。有铅焊锡含锡和铅两种主要金属元素。无铅焊锡则是基本不含铅的（欧盟 ROHS 标准是含铅量小于 1 mg/g，日本标准是含铅量小于 0.5 mg/g），无铅焊锡一般含有锡、银或铜金属元素。

（3）从适用范围上区分。有铅焊锡用于有铅类产品的焊接，其所用的工具和元器件均为有铅的。无铅焊锡用于无铅的出口欧美等国家的产品焊接，其所用的工具和电子元器件一定是无铅的。

（4）从机械方法上区分。用手擦的方法来区分，有铅的会在手上留有黑色痕迹，无铅则有淡黄色痕迹，这是由于无铅焊锡一般含有铜金属所致。

（二）印制电路板分类

印制电路板的类型复杂、种类繁多。按材料分，有纸基板、玻璃布基板和合成纤维板；按黏结剂树脂分，有酚醛、环氧和聚酯等；按结构分，有单面板、双面板、多层板；按用途分，有通用型和特殊型。通常情况，按结构进行分类使用。

1. 单面板

单面板是最基本的印制电路板，只有一个面敷铜，另一面没有敷铜，电子元器件一般情况是放置在没有敷铜的一面，敷铜的一面用于布线和电子元器件焊接。因为导线只出现在其中一面，故这种印制电路板称为单面板，其平面示意图如图5-6所示。

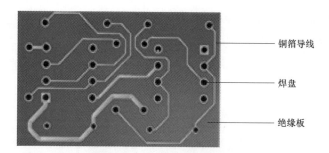

铜箔导线

焊盘

绝缘板

图5-6　单面板平面示意图

单面板通常制作简单，造价低，但是无法应用于太复杂的产品上。单面板在设计线路上有许多严格的限制（因为只有一面，布线间不能交叉而必须绕独自的路径），所以只有早期的电路才使用这类板子。

2. 双面板

双面板是一种双面敷铜的印制电路板，两个敷铜层通常分为顶层和底层，两个敷铜层都可以布线，顶层一般为放置电子元器件面，底层一般为电子元器件焊接面，双面板是单面板的延伸，当单层布线不能满足电子产品的需要时，就可以使用双面板，其截面图如图 5-7 所示。双面板的两面都有布线，使两面之间有适当的电路连接，这种电路间的连接称为导孔。导孔是在印制电路板上充满或涂上金属的小洞，它可以与两面的导线相连接。由于双面板的面积比单面板大 1 倍，而且布线可以互相交错（可以绕到另一面），因此它更适合用于比单面板更复杂的电路上。双面都敷铜和走线，并且可以通过导孔来导通两层之间的线路，使之形成所需要的网络连接。

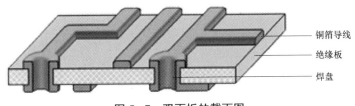

图 5-7　双面板的截面图

3. 多层板

多层板是包括多个工作层面的印制电路板，一般采用环氧玻璃布覆铜箔层压板，除了顶层和底层之外还有中间层，中间层可以是导线层、信号层、电源层或接地层，层与层之间是相互绝缘的，层与层之间的连接往往是通过孔来实现的，其截面如图 5-8 所示。在较复杂的应用需求时，电路可以布置成多层的结构并压合在一起，并在层间布建通孔电路，连通各层电路。多层印制电路板是电子信息技术向高速度、多功能、大容量、小体积、薄型化、轻量化方向发展的产物。

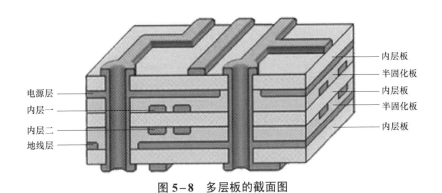

图 5-8　多层板的截面图

（三）印制电路板的特性

印制电路板中金属与非金属的结合方式与天然矿物不同，结合方式是有序的、相对规则的，金属与非金属是按层分布的，依次排列叠加而成。基板的组成材料相对比较简单，可以从其制造工艺来分析其主要材料构成，基板的制造方法主要分为减除法和加成法。减除法是以铜箔基板为基材，经印刷或压膜曝光、显像的方式在基材上形成电路图案的铜箔保护层，然后将面板上电路部分以外的铜箔溶蚀除去，再剥除覆盖在电路上的感光性干膜阻剂或油膜，以形成电子电路的方法。加成法则采用未压覆铜箔的基板，以化学铜沉积的方法，在基板上欲形成电路的部分进行铜沉积，以形成导体电路。另外，还有将上述两种制造方法折中改良形成的局部加成法。基板的主要材料及成型工艺如表5-4所示。

表5-4　基板的主要材料及成型工艺

主要材料	成型工艺
铜	基板表面的铜箔，镀通孔时的铜沉积，很薄的全板镀铜（加厚孔壁筒层）以及电路镀铜工艺
镍、金	镀镍、镀金工艺
锡、铅	电路镀铜、厚度镀锡铅、喷锡工艺
树脂及玻璃纤维	构成基板底材

报废印制电路板中金属与非金属的界面特性对金属的解离行为会产生十分重要的影响。报废印制电路板作为一种复合材料，基体（树脂）与铜箔之间的界面主要是通过吸引黏结起来的，即通过黏结剂（树脂、固化剂）的强黏结力、链状结构的聚合分子的吸引能力将金属黏结在一起。通过施加外界因素，人为改变或影响报废印制电路板中金属与非金属的界面特性，使金属与非金属之间的黏结力削弱，则会实现颗粒在较粗的粒级范围内产生较高的单体解离度，有利于后续的分选和金属富集体的回收。

二、退役报废印制电路板处理技术

目前，退役报废印制电路板销毁处理技术主要包括物理处理技术（又称为机械处理技术）、热处理技术、湿法冶金处理技术、生物处理技术以及上述几种技术的组合处理技术，如图 5-9 所示。

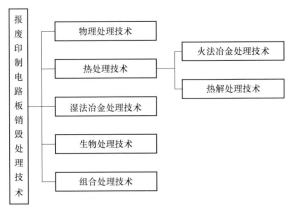

图 5-9　报废印制电路板销毁处理技术分类

（一）机械处理技术

机械物理处理技术处理报废印制电路板的原理是：首先将报废印制电路板进行预先的分类整理和电子元器件拆卸等预处理；然后进行多级破碎得到一定颗粒大小的金属和非金属粉末状混合物，再经过多级分选得到金属或非金属的粉末状材料富集；最后经过冶炼等工艺提纯得到需要的材料物质。回收处理的主要步骤包括预处理、破碎、分级、分选、冶炼等。这种流程的特点是：设备投入低，处理批量大，操作简单，把报废电路板直接粉碎后进行分离，可节约劳动力和处理费用，主要工艺过程包括破碎和分选。

目前，国外通用的处理工艺是通过破碎、重选、磁选、涡流分离的方法获得铁、铝、贵金属和有机物等成分。经过这样的处理后，报废印制电路板中 90% 的金属和塑料得以回收，10% 左右的剩余物质（包括很难进一步处理的细粒物料、粉尘等）则根据成分的性质填埋或焚烧。各种机械物理法回收工艺流程及技术路线已经推广应用。目前，已有的报废印制电路板综合利用及无害化处理的整套设备和系统，该系统的分离设备是采用涡流粉碎与微粉解离工艺来回收印制电路板中的铜以及其他稀贵金属，实现了金属与非金属的有效分离。该系统已在富士康科技集团、北大方正集团有限公司、天津普林电路股份有限公司、大连太平洋电子有限公司等国际知名的大型印制电路板制造厂和十余家"电子设备以旧换新"拆解企业建立了综合处理线。

机械处理技术中，报废印制电路板破碎是关键技术，破碎程度不仅影响破碎设备的能耗，还将影响后续的分选效率。由于印制电路板基材硬度高、韧性强，要求细碎能耗大，对环境造成不利影响。干式粉碎设备破碎过程中，设备局部过热，造成物料黏结、堵塞，产品颗粒形状不均一等问题，树脂、塑料等有机物由于局部高温产生有毒气体，还将不可避免地产生噪声和含有玻璃纤维、有机树脂的粉尘，这些问题会引起环境污染，降低粉碎效率，导致后续分选效率的降低。

（二）热处理技术

1. 火法冶金技术

火法冶金又称为焚烧技术，基本原理是利用冶金炉高温加热剥离非金属物质，贵金属熔融于其他金属熔炼物料或熔盐中，再加以分离。非金属物质主要是印制电路板上的有机材料，一般呈浮渣物分离去除，而贵金属与其他金属呈含金态流出，再精炼或电解处理。利用高温、焚烧、熔炼、烧结等回收报废印制电路板金属尤其是贵金属的传统技术，也是目前用于工业回收废计算机及其配件金属的技术，主要有焚烧熔出工艺、高温氧化熔炼工艺、浮渣技术、电弧炉烧结工艺等。火法冶金处理的最大优点是能够处理所有形式的电子类废品，并具有简单、操作方便和回收率高的特点，但是也存在以下缺点：① 印制电路板上的黏结剂和其他有机物等经焚烧会产生大量有害气体形成二次污染；② 大量废渣的排放增加了二次固体报废物，同时浮渣中残存的一些有用金属也被弃掉；③ 能耗大，处理设备昂贵，经济上获益不高。因此，火法冶金技术的应用要从效益与经济方面综合考虑。

2. 热解技术

热解技术也称为干馏技术，是在缺氧或无氧条件下将有机物加热至一定温度，使有机树脂中的化学键断裂，把网状的大分子分解成有机小分子，残留物为无机化合物，生成气体、液体（油）、固体（焦）等，从而与金属分离。采用热解技术处理报废印制电路板，不仅能回收印制电路板中的金属，同时也能实现树脂、玻璃纤维等非金属成分的资源化，目前热解技术以其较低的污染排放和较高的能源回收率得到越来越多的应用。国内研制的等离子高温热解装置可通过 150 kW 的高效电弧在等离子体高温无氧的状态下，将报废印制电路板分解成气体、玻璃体和金属三种物质，然后从各自的排放通道有效分离。

（三）湿法冶金处理技术

湿法冶金也是一种传统的报废印制电路板处理技术，基本原理主要是利用贵金属能溶解在硝酸－王水或其他溶金试剂（含硫试剂、卤素试剂等）溶液的特点，将贵金属与其他物质相分离并从溶液中予以回收。湿法冶金处理工艺包括预处理、浸金和沉淀三个步骤。对于含贵金属的印制电路板，用破碎机破碎至一定粒度，然后加热至 400℃左右除去有机物。将经过预处理的部件浸泡在一定摩尔浓度的热硝酸溶液中并加热，贵金属银、碱金属和金属氧化物溶解在热硝酸溶液中，过滤得到含银及其他有色金属的硝酸溶液，用电解或电化学方法回收银。用王水继续浸泡印制电路板，金、钯和铂等溶于王水溶液中，过滤，滤液经蒸发浓缩后，用亚硫酸钠、草酸、甲酸或硫酸亚铁等还原剂沉淀滤液中的金，然后用萃取或氨水沉淀溶液中的钯和铂。

采用湿法冶金处理报废印制电路板具有金属回收率高、金属纯度高等优点。湿法处理缺点包括处理前需将形式多样的报废印制电路板破碎成颗粒，不能直接处理；部分金属的浸出效率低，作用有限，如贵金属被耐腐蚀材料陶瓷等包裹，则很难被处理；工艺流程复杂、化学试剂耗量大，在处理过程中产生大量的废水、废渣具有腐蚀性及毒性，易引起更为严重的环境污染。随着电子产品中的贵金属逐渐被碱金属取代，该法的处理效益将进一步降低。

（四）生物处理技术

生物处理技术是利用微生物或其代谢产物与印制电路板中的金属相互作用，发生氧化、还原、溶解、吸附等反应，从而实现其中的有价金属回收。目前利用比较多的微生物包括硫杆菌、氧化铁硫杆菌、黑曲霉、青曲霉和巨大芽孢杆菌等。例如，巨大芽孢杆菌株通过细胞壁和活性基团的作用提供电子，废液中的铂离子较快速地还原为 Pt^{4+}，继而缓慢地还原成单质铂，吸附率可达 94%，吸附量达 94 mg/g。与传统的处理方法相比，生物处理技术具有以下优点：金属回收率高（通常 95%以上），在低浓度下的选择性高，原材料和能量消耗较低、运行成本低、操作方便，污染物和废物排放较低、环境污染影响小。其缺点主要是浸取时间长，浸取速率低。虽然生物处理技术还没有完全实现工业产品化应用，但是该技术代表着未来处理技术发展的方向。

从以上报废印制电路板销毁处理技术分析可以看出，火法冶金技术应用特点是处理量大，但能耗高、资源回收率低、废气废渣处理成本高；湿法冶金处理技术应用特点是金属回收率高、金属纯度高，成本也高，并且若处理不当还会对水资源造成严重污染；热解技术在减容减量方面是可行的，但热解油的利用是该技术产业化的瓶颈；物理机械法处理技术应用特点是处理量较大，可以实现金属、贵重金属及其他组分的回收，并可获得高的回收率，环境污染影响较小。

三、退役报废印制电路板销毁处理方案

目前，退役报废印制电路板的销毁处理回收比较成熟的方案是物理机械法，即破碎分选法。处理方法有两种：一种是湿法破碎＋水力摇床分选法，该方法可避免破碎时产生刺激性气体和粉尘，分选效率95%；另一种是干法破碎＋气流分选法，该方法适合处理印制电路板及其边脚料，分选效率95%。上述设备国内已有多家产品供应商。

目前已有的工程应用表明，采用粉碎、筛分、气流分级、磁选、电选等干法分离技术是解决报废印制电路板销毁处理回收利用较好的方案。图5-10所示为

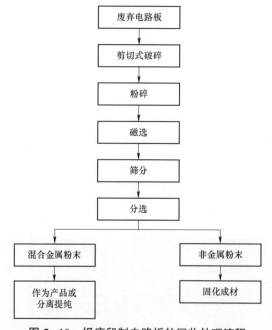

图5-10　报废印制电路板的回收处理流程

报废印制电路板的回收处理流程：报废印制电路板的处理首先是采用剪切式破碎，实现粗碎的目的；然后再进行细碎，经过磁选除铁、分级分选得到金属粉末和非金属粉末。得到的铜和贵金属等金属粉末可直接作为产品销售，也可根据市场需求进行深加工处理，实现金属的提纯提炼；玻璃纤维和树脂等非金属粉末可作为添加剂应用于沥青等产品，也可以制造成型材，实现资源的循环利用。

（一）报废印制电路板粉碎

印制电路板的贵金属成分含量大，回收价值高，通常利用粉碎方法进行回收。印制电路板粉碎是报废印制电路板资源化利用处理技术的关键环节，是使印制电路板中的不同材料实现单体充分解离的重要工序。按照粉碎颗粒大小的不同要求，粉碎可以分为粗碎、细碎和超微粉碎。粉碎对于不同的处理方法的作用不同，对于化学方法和生物方法，粉碎可使颗粒物的表面充分暴露以便和药剂或微生物接触；对于物理方法，粉碎直接决定着后续分选工作的效率、金属的回收率和纯度。

1. 报废印制电路板粉碎方法

报废印制电路板资源化利用处理过程中，粉碎是机械处理、湿法冶金处理及生物处理的前提。粉碎是根据物料的物理特性、样品大小和所需的细化程度来选择的。粉碎印制电路板的力学方式主要有挤压、弯曲、劈裂、研磨和冲击等。挤压、弯曲、劈裂、研磨使用的都是静力，冲击则使用动能。报废印制电路板资源化利用是全新领域，其粉碎方法有剪切式粉碎、分级式冲击磨粉碎及气流粉碎。

1）剪切式粉碎

剪切式粉碎依靠剪和切的原理，完成破碎报废印制电路板的过程。通过电机带动减速机，通过刀辊将扭矩传递给破碎机的动刀，动刀的刀钩勾住印制电路板往下撕，对辊刀片像剪刀一样切碎报废印制电路板。其特点是刀轴转速低、高效节能、噪声低、粉碎比大、出料粒度大，一般用于报废印制电路板粗粉。

2）分级式冲击磨粉碎

分级式冲击磨是转盘带动锤头旋转及周边固定齿形轨道撞击物料颗粒粉碎的，其粉碎原理为冲击式粉碎，即物料在粉碎过程中，由于受到应力而断裂。

3）气流粉碎

超声速气流粉碎技术是伴随现代高技术和新材料产业而发展起来的新型粉

碎工程技术，是一种高效微粉碎技术。与传统的机械粉碎原理不同之处在于它是利用高压气体，通过喷嘴产生超声速气流，使印制电路板相互碰撞，从而达到粉碎目的。在超声速气流作用下，印制电路板颗粒之间不仅要发生撞击，而且气流对印制电路板颗粒也要产生冲击、剪切作用。

具体粉碎过程：气流在自身高压作用下强行通过粉碎室喷嘴时，将产生每秒高达数百米甚至上千米的高速气流，物料经负压的引射作用进入超声速喷管，并在高速气流作用下被加速到一定的速度，由于气流喷嘴与粉碎室之间成一锐角，故高压气流带着颗粒在粉碎室中作回转运动并形成强大旋转气流，使颗粒加速、混合并发生冲击、碰撞等行为，粉碎合格的细小颗粒被气流推到旋风分离室中，较粗的颗粒则继续在粉碎室中进行粉碎，从而达到粉碎目的。研究证明，80%以上的颗粒是依靠颗粒间的相互冲击碰撞被粉碎的，只有20%以下的颗粒是通过颗粒与粉碎室内壁的碰撞和摩擦被粉碎。

（1）金属粉末的纯度。报废印制电路板粉碎的金属粉末一般情况下其纯度只有60%～70%，这样的粉末还需要进一步加工才能应用，若采用常规的处理，如冶炼或电解的方法等，可使金属达到一定的纯度，但工艺复杂、难度大，且能耗大、成本高，废渣处理也比较困难。采用超声速气流粉碎，可以将铜的纯度从原来的60%提高到90%以上，最高可达99%，生产出来的金属铜粉可直接应用于其他领域，如烟花礼炮的生产等。

（2）粉尘与气味的控制。报废印制电路板回收设备，不仅要将金属与非金属粉末分离开，并且要使它们得到充分合理的利用，同时也要对印制电路板生产过程中的粉尘与气味进行控制，以符合国家规定的环保标准。现有工艺将原来的风力管道正压送料、螺旋送料及斗式升机送料等易产生粉尘泄漏的工艺方法，全部改变为全封闭式管道负压输送方式，通过除尘设备处理，避免了生产过程中造成的粉尘环境污染及污染所带来的操作不便和对操作人员身体健康的影响。另外，印制电路板在破碎及粉碎的过程中，随着温度的升高和树脂、玻纤及塑料等材料的破坏分解，会产生一定的气味，若不进行及时处理，将会给生产环境和大气造成一定的污染，因此气流粉碎宜采用全封闭负压操作，以有效解决处理的环境污染问题。

（3）气流粉碎影响因素。气流粉碎的产品具有颗粒细、粒度分布狭窄、颗粒表面光滑、颗粒形状接近球形、产品纯度高、活性大、分散性好等一系列特点，在现代加工业中占重要地位。但是，气流粉碎分级涉及的因素很多，只有严格控制影响因素和工艺参数，才能生产合格产品。消除产品中的大颗粒，进一步改进产品粒度分布是粉碎分级的主攻方向之一，因而气流粉碎分级的影响因素主要从消除产品中的粗大颗粒方面加以考虑。

从理论上讲，气流粉碎机能自动地使已粉碎的物料按所要求的颗粒大小进行分级，不合格的粗大颗粒能自动地返回粉碎区再进行粉碎，直到合格为止。但是，实际上由于粉碎区里待粉碎的物料也有较细的，它们在气流中的浓度高、逸散能力强，并且气流中存在紊流的作用，这样个别大颗粒不经粉碎或未达到预定粒径便飞出粉碎区而落于成品中，使成品中含有粗大颗粒，粒度分布变粗，严重影响产品性能，特别是对于磨料级产品。为了消除产品中的粗大颗粒，可以采用降低加料速度的方式来缓和逸散现象，同时通过控制气流量、分级轮转速、排风量等工艺参数以及改进喷嘴结构等方面来控制影响因素。

加料工艺是直接影响粉碎效果和颗粒粒度的重要因素，目前常用的加料方式有螺旋加料、振动加料、重力加料和负压吸入加料等几种。加料速度控制：加料速度的控制就是控制粉碎室内的物料浓度，使物料在粉碎室内不仅要碰撞，而且要碰撞破裂，这就要求粉碎室内物料浓度不能过高，防止限制物料的碰撞，得不到合格产品。同时，要求粉碎室内物料浓度不能过低，造成能量消耗，且恶化某些物料的分散性。实际上，加料速度的控制就是根据物料的性能和成品粒度要求，选择最佳的气固比，提高生产能力。加料连续均匀性控制：连续均匀加料是气流粉碎分级的关键之一，不论采用哪种加料方式，都要保证粉碎室内气固比的恒定，因为气固比的变化，使气流时而过载，时而轻载，很有可能出现紊流，这样是不可能得到恒定的粒度。同时，瞬时的加料量过大，还会导致气流粉碎分级机发生堵塞，从而对生产造成较大的影响。加料量的调整是通过检验成品的粒度变化加以调整。

分级工艺是影响调节成品粒度的关键因素之一，因为分级主要是通过分级轮旋转形成强大的离心力场，把已粉碎的物料颗粒按其大小进行分级，不仅分级细度很高，而且分级锐度很大，从而保证产品有狭窄的粒度分布。分级轮结构的影响：分级轮分为立式分级轮与卧式分级轮。立式是指分级轮轴线与水平线垂直，卧式是指分级轮轴线与水平线平行。立式分级轮形成的离心场所起的分级作用大于卧式分级轮，大颗粒的去除作用较强，分级轮的磨损少，但分级轮旋转速度不能太高，对于转速较高的分级不适用。卧式分级轮适用于小型高精度分级设备，分级轮可达到较高转速。分级轮转速将直接影响到起分级作用的离心力的大小，在其他条件相同时，分级轮转速越高，离心力越大，分级出的成品越细。

气流能量是直接影响粉碎效果和颗粒粒度的核心因素。气流粉碎要求气体在进入气流粉碎设备之前必须形成干燥、稳定、有一定压力的气体，从喷嘴出来的气流具有很高的速度，才能具有很大的能量，一般为 200～500 m/s，有的甚至高达 800～1 000 m/s，或更高些。由气体动力学可知，要产生这样高的气流速度，必要的条件是在进入喷嘴之前，气体要具有很高的初始压强，并且还要采用先进的喷嘴结构。气流的要求：常用的气流是通过气体压缩机产生一定压力和流量的气流，但在作为气流粉碎介质之前，必须经过干燥除油处理，在个别潮湿的地方还要通过冷冻干燥处理，更进一步除去气流中的水分，因为气流中水分有可能在通过喷嘴时绝热吸附出来，与粉混结在一起，堵住喷嘴。常用的气体压缩机有活塞式和螺杆式，螺杆式压缩机提供的气体压力、流量更稳定一些。喷嘴是气流粉碎机的重要组成部分，它的作用就是将气流的压强能转换为速度能，喷嘴的性能决定着气流粉碎机的性能。喷嘴的形式共有三种：直孔型亚声速喷嘴、渐缩型等声速喷嘴和缩扩型超声速喷嘴。直孔型喷嘴结构简单，制造容易，但摩擦损失大，效率低，介质气流处于亚声速范围，能量小，适用于小型气流粉碎机，较大的气流粉碎机一般都采用渐缩型或缩扩型喷嘴。渐缩型等声速喷嘴能喷出等声速气流，喷出气流的流型好，膨胀角小，形成的湍流程度高，有利于气流粉碎，并且气流在进入喷嘴前状态参数的变化对喷嘴的正常工作影响不大，因而这种喷管被广泛应用。缩扩型超声速喷嘴产生超声速气流，但一定要改进喷嘴内腔型面，才能产生发散程度小、出口速度高的气流，这样才能使粉碎和分级效果好。这种喷嘴必须严格控制气流入口参数，而且制造也比较困难。

二次进风是除加压气流进入到粉碎室外的常压气流，二次进风的量值与系统排出气体的流量流速有关，因而对气流粉碎分级过程有一定的影响。一般粉碎分级系统是在排风机作用下，粉碎分级室形成负压，若二次进风量大，在保证一定负压的工作状态下，排出的气流量就增加，流速加快，一些大颗粒在流速流量增加的状况下，被顺势带入成品中，影响了成品的粒度和粒度分布，从而影响了产品的质量，因而二次进风量不能太大。如果二次进风过小，同样也不行。因为在负压状况下工作，没有适量的气体补充，粉碎分级室内的传压介质越来越稀薄，这就类似于抽真空，使得已粉碎好的物料因没有载体而不能被带走，滞留于粉碎室内，影响了分级。另外，新加入的物料又因缺少传压介质而不能产生碰撞粉碎，这样粉碎和分级作用都受到影响，显然影响了产品质量。因此，对于二次进风量的调整相当重要。二次进风量大小的调整，要根据成品粒度大小的要求来确定。成品粒度大，二次进风量大；成品粒度小，二次进风量小。

气流粉碎分级的捕集回收系统包括引风机和布袋吸尘器。这个系统形成的阻力要小，而且要稳定，捕集率要高。气流进入布袋吸尘器后，产生很大的速度梯度，与粉碎分级室内气流从喷嘴出口处到卸料区的压强梯度相适应，这样就能保证精确的分级。布袋吸尘器有圆形和方形两种。对于圆形吸尘器，气流以一定的速度进入布袋吸尘器，圆柱形的吸尘器本身具有一定的收集作用，因为气流进入圆柱形吸尘器中形成一种离心场，离心力的作用使一定的粉尘得以收集，因此圆柱形收集器可以不经过布袋而直接收集部分粉尘，有一定的保护布袋、防止布袋破损并加强收集的作用。方形过滤器在较大的气流速度梯度的作用下，收集效果不会差。但是方形过滤器在排风机的吸力作用下，应力分布不均匀，若方形板中间没有加强筋，可能在引风机的作用下凸凹变化产生变形，长久下去，在边棱焊接处会产生漏气减弱吸尘器的作用，因而圆形吸尘器较方形吸尘器效果好，但方形吸尘器便于加工制造。

除上述影响因素之外，仍有许多因素在起作用，如气流温度、湿度、黏度和电源电压的变化等，都会影响到气流粉碎分级的稳定性，也需要给予考虑。

2. 粒度分析

印制电路板粉末粒径分析常用的方法有筛分分析法、显微镜分析法、扫描电子显微镜分析法、激光粒度分析法。

1）筛分分析法

筛分是利用筛子将物料中小于筛孔的细粒物料透过筛面，而大于筛孔的粗粒物料留在筛面上，完成粗、细料分离的过程。该分离过程可分为物料分层和细粒透筛两个阶段。物料分层是完成分离的条件，细粒透筛是分离的目的。

筛分分析是用筛孔不同的一套筛子对物料进行粒度分级，n 个筛子可将物料分成 $n+1$ 个级别。通常以 95%矿粒能通过的最小正方形筛孔尺寸作为该级别的粒度。当上层筛孔宽 b_1，下层筛孔宽 b_2 时，则这两层筛子之间粒级的粒度可表示为$-b_1+b_2$。对于粒度小于 100 mm 大于 0.043 mm 的物料，一般采用筛析法测定粒度组成。

一般，筛孔尺寸与筛下产品最大粒度具有如下关系：

$$d_{最大}=K\times D \tag{1}$$

式中　$d_{最大}$——筛下产品最大粒度（mm）；

　　　D——筛孔尺寸（mm）；

　　　K——筛网形状系数（圆形 K 值取 0.7、方形 K 值取 0.9、长方形 K 值取 1.2～1.7）。

在气流分选试验中，如果轻颗粒过大，重颗粒过细，两者可能具有同样的沉降速度，则无法将这两类颗粒分开。所以，将物料限制在一定的粒径范围，有利于气流分选金属和非金属的实现。筛分过程就是为气流分选试验准备一定粒径范围物料的过程，筛分过程首先将所需筛孔的套筛组合好，将粉碎料倒入套筛，整个套筛从上到下筛孔直径大小依次递减，每次的筛量以刚好覆盖筛面为准，筛分效果以筛下物的质量不超过筛上物质量的 1%为筛净。筛下物倒入下一粒级中，各粒级都依次进行检查。筛分结束后，分析不同粒度范围内报废印制电路板的解离特性。采用电感耦合等离子发射光谱法测试方法，分析不同粒度范围内金属的含量。

筛分是为了求得各粒级的质量百分数（产率），从而确定物料的粒度组成，把所有筛分级别的总质量作为100%，可分别求出各级别的产率和累计产率：

　　　　某一粒级的产率=某一粒级的质量/被筛物料的总量×100%

累计产率分为筛上累计产率（又称正累计）及筛下累计产率（又称负累计）；正累计产率是大于某一筛孔的各级别产率之和，即表示大于某一筛孔的物料占原物料的百分率；负累计产率是小于某一筛孔的各级别产率之和，即表示小于某一筛孔的物料占原物料的百分率。

2）显微镜分析法

显微镜分析可直接观测初颗粒的尺寸和形状，常用于检查选别产品或校正分析结果以及研究物料构造结构的方法，主要用于分析微细物料。最佳的测量范围为 0.5～20 μm。

3）扫描电子显微镜分析法

扫描电子显微镜分析是利用电子和物质的相互作用，以获取被测样品本身的各种物理、化学性质信息。其工作原理为：当一束高能的入射电子轰击物质表面时，被激发的区域将产生二次电子、特征 X 射线和连续谱 X 射线、背散射电子、透射电子，以及在可见光、紫外光、红外光区域产生的电磁辐射，同时也可产生电子–空穴对、晶格振动（声子）、电子振荡（等离子体），扫描电子显微镜通过采集上述不同信息产生的机理，采用不同的信息检测器，使选择检测得以实现，以确定被测样品的含量信息。例如，对二次电子、背散射电子的采集，可得到有关物质微观形貌信息；对 X 射线的采集可得到物质化学成分的信息。扫描电子显微镜主要包括有电子光学系统、扫描系统、信号检测放大系统、图像显示和记录系统、电源和真空系统。

扫描电子显微镜主要有以下特点：

（1）放大倍率高。从几十放大到几十万倍，连续可调。放大倍率不是越大越好，要根据有效放大倍率和分析样品的需要进行选择。

（2）分辨率高。分辨率指能分辨的两点之间的最小距离。

（3）景深大。景深大的图像立体感强，对粗糙不平的断口样品观察需要大景深。长工作距离、小物镜光阑、低放大倍率能得到大景深图像。

（4）保真度好。试品通常不需要作任何处理即可以直接进行观察，所以不会由于制样原因而产生假象。

（5）样品制备简单。样品可以是自然面、断口、块状、粉体、反光及透光光片，对不导电的样品只需蒸镀一层 20 nm 的导电膜。

4）激光粒度分析法

激光粒度分析方法原理是利用颗粒对光的散射（衍射）现象测量颗粒大小，

即光在行进过程中遇到颗粒（障碍物）时，会有一部分偏离原来的传播方向；探测器会记录不同衍射角的散射光强度，而没有发生衍射的光线会经过凸透镜聚焦于探测器中心，不影响发生衍射的光线。由于激光具有很好的单色性和极强的方向性，所以一束平行的激光在没有阻碍的无限空间中将会照射到无限远的地方，并且在传播过程中很少有发散的现象。当光束遇到颗粒阻挡时，一部分光将发生散射现象。散射光的传播方向将与主光束的传播方向形成一个夹角 θ。散射理论和实验结果都告诉我们，散射角 θ 的大小与颗粒的大小有关，颗粒越大，产生的散射光的 θ 角就越小；颗粒越小，产生的散射光的 θ 角就越大。散射光的强度代表该粒径颗粒的数量。这样，在不同的角度上测量散射光的强度，就可以得到样品的粒度分布。在光束中的适当位置上放置一个富氏透镜，在该富氏透镜的后焦平面上放置一组多元光电探测器，这样不同角度的散射光通过富氏透镜就会照射到多元光电探测器上，将这些包含粒度分布信息的光信号转换成电信号并传输到计算机中，通过专用软件用 Mie 散射理论对这些信号进行处理，就会准确地得到所测试样品的粒度分布了。

激光粒度分析法具有以下特点：

（1）测径范围广。激光粒度分析仪可进行从纳米级到微米量级范围粒径的测量，为 200 nm～2 000 μm，甚至可达 3 500 μm，仪器使用过程中无须更换镜头及调整光学系统，系统稳定性强，简化了操作。

（2）适用范围广。激光粒度分析方法不仅能测量固体颗粒，还能测量液体中的粒子。

（3）重现性好。与传统方法相比，激光粒度分析法在测试过程中不受温度变化、介质黏度、试样密度及表面状态等诸多因素影响，只要将待测样品均匀地展现于激光束中，就能得出准确的结果。

（4）测量速度快。整个测量过程在 2 min 左右即可完成，某些仪器已经实现了实时检测和显示，可以让用户在整个测量过程中观察并监视样品。

（5）操作简单。激光粒度分析仪能够自动完成数据采集、分析、处理、结果保存、打印等功能，操作简单，自动化程度高。

3. 解离分析

印制电路板解离是指将电路板粉碎后的非金属颗粒和金属颗粒分离的过程，

解离度是指金属解离粒子的颗粒数与它和未解离的连生粒颗粒数的比值，一般用百分比表示。印制电路板的粉碎过程其实是电路板粒度由大变小的过程，各种有价金属正是在粒度变小的过程中解离出来的。在破碎的印制电路板中，原来连生或黏附在一起的各种物料，有些沿着物料在其界面上裂开，变成只含有一种物质的小粒子，称为单体解离粒子，但仍有一些小物料还是由几种物质连生在一起的，称为连生粒子。

通过破碎可使报废印制电路板金属和非金属相互解离，不同物性的物料经破碎后呈现不同的状态。一般而言，基板中的非金属主要是呈无色透明或白色的玻璃纤维和环氧树脂，质地较脆，易破碎，破碎后多数为针状、片状；各类插槽等元器件中非金属主要是 PC、ABS 等塑料，质地同样较脆，易破碎，破碎后多呈不规则的粒状，颜色以黑色为主，少许乳白色。而金属由于有较强的延展性，经破碎后缠绕成球状、棒状，而且粉碎后根据不同颜色可判断出金属的种类，如基板中含量最高的铜呈暗红色，引脚中的铝多呈银白色，锡铅焊料多呈灰白色，各元器件中的铁、锌呈灰色，其他金属由于含量很少和主要金属混杂在一起不容易分辨。因此，通过观察破碎后金属和非金属的形状，颜色等物性，就可以初步判断出报废印制电路板的破碎解离情况。当印制电路板颗粒的粒径小于 0.5 mm 时，印制电路板颗粒中的金属和非金属可充分解离，金属纯度大于 60%；当印制电路板颗粒的粒径小于 0.1 mm 时，金属纯度大于 98%。

4. 粉碎粒径分布特点

报废印制电路板的粉碎通过冲击效应实现，沿印制电路板最脆弱的断面裂开。在粉碎过程中，脆弱点和脆弱面逐渐消失。随着粒度的减小，印制电路板颗粒变得越来越坚固。因此，破碎较小的颗粒时，消耗的能量就较多。粉碎印制电路板所消耗的功，一部分使被破碎的印制电路板颗粒变形，并以热的形式散失于周围的空间；另一部分则用于形成新表面，变成固体的自由表面能。破碎过程与很多因素有关：印制电路板的物理力学性质，形状、尺寸、湿度及采取的破碎方法等。如果选择晶体物料的缺陷处破碎，不仅能省功，而且能保证粒度，减少过粉碎，这种破碎方法称为选择性破碎。

在报废印制电路板的粉碎过程中，发生了选择性粉碎。报废印制电路板中各种组分的机械强度不同，在冲击、剪切，摩擦粉碎过程中表现行为也不一样，性脆易碎的部分较易粉碎，硬而韧的部分则不容易粉碎。例如，印制电路板中金属铜、铝具有良好的延展性，在拉力、冲击力作用下，易发生弯曲、变形，较难产生裂缝或断裂，因此在粉碎过程中容易在较粗级别富集；而金属锡、锑、铅性脆易碎，在粉碎过程中容易优先粉碎而在细级别中富集；非金属树脂和玻璃纤维整体韧性，当高速冲击时，树脂基体已被击碎，印制电路板的粉碎模式也由单纯的分层转化为分层和纤维断裂；粉碎后的树脂、玻璃纤维常温下性脆、易碎，不耐冲击。在印制电路板粉碎后，印制电路板颗粒形状可分为片状、针条状、卷曲状、丝状、球团状，其中非金属以片状、针条状居多，金属则呈卷曲状、丝状、球团状。不同粒径分布特点如下：

（1）粒径大于 1.25 mm 的粉碎颗粒整体表现为片状或块状形态，有未解离的绿色片状基板及少量的块状或棒状金属。有些基板的表面被剖开，呈现出白色透明的树脂。

（2）粒径为 0.8～1.25 mm 的粉碎颗粒中，片状黑色塑料颗粒和片状白色塑料颗粒居多，未解离的绿色片状基板颗粒数量明显减少，棒状或块状的金属颗粒数量有所增加。

（3）粒径为 0.5～0.8 mm 的粉碎颗粒中有粒状、棒状的铜，不规则形状的铝以及其他金属，以及一定比例的各类塑料。

（4）粒径为 0.1～0.5 mm 的粉碎颗粒中多数为粒状的铜，粒状、棒状的铝以及其他金属。

（5）粒径小于 0.1 mm 的粉碎颗粒中金属为粒状。

（6）随着破碎程度的进一步加强，粉碎印制电路板中的金属与非金属的解离程度进一步提高。

（二）报废印制电路板气流分选

1. 气流分选技术

气流分选又称风力分选，简称风选，是以空气为分选介质，在气流作用下使固体颗粒按密度和粒度大小进行分选。气流将较轻的物料向上带走或从水平方向带到较远的地方，而重物料则由于向上气流不能支撑它而沉降，或由于重物料的足够惯性而不能剧烈改变方向穿过气流沉降，被气流带走的轻物料进一步由旋流器分离出来。

固体颗粒在静止的介质中的沉降速度主要取决于自身所受的重力和介质的阻力。重力是指颗粒在介质中的重量。固体颗粒在介质中运动时，介质作用在颗粒上的介质阻力可以分为两类，即惯性阻力和黏性阻力。当物料颗粒较大或以较大速度运动时，介质会形成紊流，产生惯性阻力；而颗粒较小或以较慢速度运动时，介质会形成层流从而产生黏性阻力。不同密度、粒度的颗粒在空气介质中运动时，所受到的阻力大小是不同的，运动状态也是不同的，这就形成了各种固体颗粒在空气中的沉降规律，这是气流分选的基础。

报废印制电路板的分选富集是基于电路板中金属和非金属间的密度差而进行的。判断利用不同物质间的密度差进行分离操作是否可行的方法，是看分选难易系数 C 值。C 值为两种物质密度相对于介质密度的比值。当 C 的绝对值大于2.5 时，轻重组分分离操作极易实现；C 值减小，分离效果随之降低，当 C 小于1.25 时，轻重组分分离操作极为困难，这种分离方法便失去其实用价值。铜是电路板的主要金属成分，密度为 $8.9 \times 10^3 \ kg/m^3$，而印制电路板中非金属混合物的密度约为 $1.8 \times 10^3 \ kg/m^3$；若以水为流体介质（密度为 $1 \times 10^3 \ kg/m^3$），则 $C=9.87$；若以空气为流体介质（密度为 $1.2 \ kg/m^3$），则 $C=4.94$。因此，无论以水为流体介质还是以空气为流体介质，采用基于密度差的方法对印制电路板中的金属进行分离，分选难易系数 C 值均大于 2.5，都可以取得良好的分离效果。从印制电路板资源化再利用的整个过程来看，若采用水为流体介质进行金属和非金属的分选，势必要在分选过后增加一道干燥的工序，由此会产生能耗，此外，水中夹带和溶解杂质造成污水排放，需增加水处理的投入。因此，选择气流分选作为印制电路板分选途径是适宜的。另外，因粒子在流体中的运动情况不仅与密度有关，还与其尺寸及形状有关，在实际操作过程中，需严格控制进料尺寸以减少尺寸效应，从而保证粒子因密度差形成的相对运动。

气流分选设备一般由进料口、分级机、除尘器、卸料口、引风机等主要部分组成。其工作原理是通过引风机在分选设备内部形成的负压输送物料，物料在气流的带动下经过分级系统进行分级，分级物料不同成分的分选可以通过分级机的工作参数进行调节和控制，部分物料在分级机叶片形成的流场离心力作用下从内壁下落并由一个卸料口进行收集，剩余部分物料通过除尘器由另一个卸料口收集。在加料过程中，要求进料速度均匀，加料不均匀会导致印制电路板树脂粉末成分富集率降低，影响分离效果。

2. 报废印制电路板气流分选流程

1）分选流程

报废印制电路板气流分选的主要回收步骤包括初级粉碎、风力筛选、微细粉碎与筛选、粒径分级、风力分选等，分选流程如图 5-11 所示。

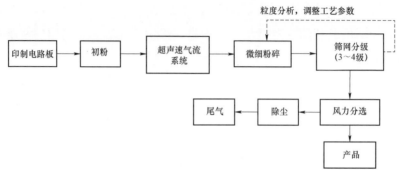

图 5-11 报废印制电路板气流分选流程

（1）初级粉碎。初级粉碎是将报废印制电路板至少经过粗粉碎与细粉碎两阶段以上的程序粉碎，使不同物质的材料分离。

（2）风力筛选。风力筛选是利用风力筛选方式将大部分质量较轻的树脂粉分离清除。

（3）微细粉碎与筛选。微细粉碎与筛选是将步骤（2）留下的粉末再作进一步的更细微的粉碎，并由风力分离方式清除其内残余的树脂，而将符合细度的铜与玻璃纤维微细粉末收集存入储存筒内。

（4）粒径分级。粒径分级是由筛网分级以将混有铜与玻璃纤维粒末依粒径与质量大小分为 3~4 级以上。

（5）风力分选。对上述分出的粒径较相近的各级粉末进行各别筛选，同样利用铜与玻璃纤维密度不同的关系以及风力分离方式，使发生解离后的金属粉末与非金属粉末完全分离。将质量较小的玻璃纤维粉末抽离，剩下的铜粉则可收集在储存筒内，以将有价金属完全回收。

2）报废印制电路板气流分选方案特点

（1）粉体粉碎与分级一体化。气分法首先直接选定所需要粒度进行；然后根据粒度进行分级，粉体直接一次产生。

（2）粉体精度高。气分法只要控制分级机的主要参数，就能严格控制大颗粒"漏网"，而且生产过程是在密封状态下反馈给控制系统。计算机迅速处理，及时修正参数。与出料口相连，直接袋装，外界侵入大颗粒可能性极小，所以粒度分布狭窄，精度高，使粉体生产始终控制在标准范围。

（3）产量大，生产环节少。气流粉碎与分级一次完成，减少了生产环节，效率明显提高。

（4）生产设备易自动化控制。气流粉碎分级的全过程，可采用计算机控制，生产过程粒度变化情况迅速反馈给控制系统。通过反馈迅速处理，及时修正参数，使粉体生产始终控制在标准范围。

（三）报废电路板组分含量分析

1. 电路板组分含量分析方法

报废印制电路板的含量分析是通过一定方法，确定其金属、非金属主要元素的含量，以达到报废印制电路板资源化利用的目的。

1）金属材料分析方法

金属材料常用测试方法：电感耦合等离子发射光谱法、X射线荧光光谱分析、电感耦合等离子质谱法、原子吸收光谱法和湿法分析直读光谱等。

X射线荧光光谱分析原理：入射X射线（一次X射线）激发被测样品，受激发的被测样品中的每一种元素会放射出二次X射线，并且不同的元素所放射出的二次X射线具有特定的能量特性和波长特性，测量这些放射出来的二次X射线的能量及数量，利用软件将测量得到的信息转换成样品中各种元素的种类及含量。

电感耦合等离子质谱法是将电感耦合等离子技术与质谱技术结合在一起，电感耦合等离子利用在电感线圈上施加的强大功率的高频射频信号在线圈内部形成高温等离子体，并通过气体的推动，保证等离子体的平衡和持续电离，在电感耦合等离子质谱法中，电感耦合等离子质谱法起到离子源的作用，高温的等离子体使大多数样品中的元素都电离出一个电子而形成了一价正离子。质谱是一个质量筛选和分析器，通过选择不同质核比（或质荷比，即质子数与电荷数的比值）的离子通过来检测到某个离子的强度，进而分析计算出某种元素的强度，以检测出是哪种金属元素。

电感耦合等离子质谱法技术具有检出限最低、动态线性范围最宽、干扰最少、分析精密度高、分析速度快、可进行多元素同时测定以及可提供精确的同位素信息等特点。

原子吸收光谱法基本原理：当辐射特征谱线光投射到原子蒸汽上时，如果辐射波长相应的能量等于原子由基态到激发态所需要的能量时，则会引起原子对辐射的吸收，即被基态原子所吸收，由辐射特征谱线光被减弱的程度来测定样品中待测元素的含量。原子吸收光谱是根据朗伯—比尔定律来确定样品中化合物的含量。

2）非金属材料分析方法

报废印制电路板中的非金属材料主要为高分子化学材料，高分子化学材料分析的主要方法有气相色谱—质谱联用、傅里叶红外光谱分析、热重分析、差示扫描量热法、裂解气相色谱—质谱联用、高温煅烧法、化学抽提法（X 射线荧光光谱分析法）、电感耦合等离子质谱法等。

傅里叶红外光谱分析原理：光源发出的光被分束器（类似半透半反镜）分为两束，一束经透射到达动镜；另一束经反射到达定镜。两束光分别经定镜和动镜反射再回到分束器，动镜以一恒定速度作直线运动，因而经分束器分束后的两束光形成光程差，产生干涉。干涉光在分束器会合后首先通过样品池，通过样品池后含有样品信息的干涉光到达检测器；然后通过傅里叶变换对信号进行处理；最后得到透过率或吸光度随波数或波长变化的红外吸收光谱图，有信噪比高、重现性好、扫描速度快等特点。

热重分析是指在程序控制温度下测量待测样品的质量与温度变化关系的一种热分析技术，用来研究材料的热稳定性和组分。热重分析是在研发和质量控制方面都比较常用的检测手段，热重分析在实际的材料分析中经常与其他分析方法联用，进行综合热分析，全面准确分析材料。

差示扫描量热仪法是指在程序控制温度下，测量输入到试样和参比物的功率差（如以热的形式）与温度的关系。差示扫描量热仪记录到的曲线称差示扫描量热仪曲线，它以样品吸热或放热的速率，即热流率 dH/dt（单位为 mJ/s）为纵坐标，以温度 T 或时间 t 为横坐标，可以测定多种热力学和动力学参数，如比热容、反应热、转变热、相图、反应速率、结晶速率、高聚物结晶度、样品纯度等。该法使用温度范围宽（$-175\sim725$ ℃），分辨率高，试样用量少。

2. 电感耦合等离子发射光谱法

为方便、快捷、准确地测定物料中金属的含量，采用微波消解技术进行样品的处理，用电感耦合等离子发射光谱法测定报废印制电路板中的金属含量。

微波消解的基本原理：当微波通过试样时，极性分子随微波频率快速变换取向，2 450 MHz 的微波，分子每秒变换方向 2.45×10^9 次。分子来回转动，与周围分子相互碰撞摩擦，分子的总能量增加，使试样温度急剧上升。同时，试液中的带电粒子（离子、水合离子等）在交变的电磁场中，受电场力的作用而来回迁移运动，也会与邻近分子撞击，使试样温度升高。这种加热方式加热更快速，而且更均匀，大大缩短了加热的时间，相比传统的加热方式既快速，效率又高。

电感耦合等离子发射光谱法测定的基本原理：等离子体发射光谱法可以同时测定样品中多种元素的含量。当氩气通过等离子体火炬时，经射频发生器所产生的交变电磁场使其电离、加速并与其他氩原子碰撞。这种链锁反应使更多的氩原子电离，形成原子、离子、电子的粒子混合气体，即等离子体。等离子体火炬可达 6 000～8 000 K 的高温。过滤或消解过的样品经进样器中的雾化器被雾化，并由氩载气带入等离子体火炬中，汽化的样品分子在等离子体火炬的高温下被原子化、电离、激发。不同元素的原子在激发或电离时，可发射出特征光谱，所以，等离子体发射光谱可用来定性测定样品中存在的元素。特征样品的强弱与样品中原子浓度有关，与标准溶液进行比较，即可定量测定样品中各种元素的含量。

不同元素的原子在激发或电离时，可发射出特征光谱。结合量子理论中吸收和发射发生在分离能级原理，建立能级和波长之间对应关系，进而测定样品中各种元素的含量。

电感耦合等离子发射光谱法的特点：

（1）高效稳定，可以连续快速多元素测定，精确度高。

（2）中心汽化温度高，可以使样品充分汽化，准确度高。

（3）工作曲线的线性关系较好，线性范围光。

（4）可以与计算机软件结合全谱直读结果，方便快捷。

3. 气相色谱—质谱联用

1）气相色谱原理

气相色谱的流动相为惰性气体，气—固色谱法中以表面积大且具有一定活性的吸附剂作为固定相。当多组分的混合样品进入色谱柱后，由于吸附剂对每个组分的吸附力不同，经过一定时间后，各组分在色谱柱中的运行速度也就不同。吸附力弱的组分容易被解吸下来，最先离开色谱柱进入检测器，而吸附力最强的组分最不容易被解吸下来，因此最后离开色谱柱。因此，各组分得以在色谱柱中彼此分离，顺序进入检测器中被检测、记录下来。

2）质谱原理

质谱分析是一种测量离子质荷比的分析方法，其基本原理是使试样中各组分在离子源中发生电离，生成不同荷质比的带正电荷的离子，经加速电场的作用，形成离子束，进入质量分析器。在质量分析器中，再利用电场和磁场使离子束发生相反的速度色散，将它们分别聚焦而得到质谱图，从而确定其质量。

3）气相色谱—质谱联用基本原理

气相色谱质谱技术利用试样中各种组分在气相和固定液间的分配系数不同，当汽化后的试样经载气带入色谱柱中运行时，组分就在其中的两相间进行反复多次分配，由于固定相对各组分的吸附或溶解能力不同，因此各组分在色谱柱中的运行速度就不同，经过一定的柱长后，便被彼此分离，按顺序进入检测器，产生的粒子信号经放大后，在记录仪上描绘出各组分的色谱峰。

4）气相色谱—质谱联用的特点

（1）气相色谱具有极强的分离能力。

（2）质谱对未知化合物具有独特的鉴定能力，且灵敏度极高，因此气相色谱—质谱联用是分离和检测复杂化合物的最有力工具之一。

（3）系统的生态运行模式可以减少仪器待机时电能和载气不必要的消耗。

（4）实时采集功能提供了全扫描与选择离子扫描的数据采集，可获得准确的定性、定量结果数据。

■ 第三节　退役报废电子设备显示器回收处理技术

显示器是电子设备常见组成之一，目前市场上的电子设备采用的显示器以液晶显示器为主，但是由于过去的电子设备采用的显示技术主要是阴极射线管显示器（简称 CRT 显示器或 CRT）技术，因此退役报废电子设备中的显示器大量为CRT。

一、退役报废 CRT 显示器回收处理技术

伴随着电子显示技术的快速发展，更新换代日益加速，大量的 CRT 退役报废，报废 CRT 数量达到每年 4 000 万～5 000 万个。CRT 主要组成成分是玻璃和电极金属，其中玻璃占 CRT 总质量的 85%，CRT 玻璃主要由屏玻璃（显示屏屏面部分玻璃）、锥玻璃（锥形段部分玻璃）和颈玻璃（颈部段部分玻璃）三部分组成。为了减少 CRT 显示器的 X 射线辐射影响，通常在 CRT 管锥、管颈玻璃中加入 22%～28% 的氧化铅，管锥与管屏焊缝的低熔点焊剂则更是含有大量的氧化铅，如表 5-5 所示。CRT 玻璃中的重金属铅是一种有毒元素，在 CRT 正常使用时不会产生危害。但是，报废 CRT 玻璃在腐蚀作用或露天堆放环境中会导致有害重金属铅渗出到外界环境中。当地下水受到铅污染后，会对人的健康产生很大的影响，铅中毒会破坏人的神经、血液系统，尤其会威胁到儿童的健康，甚至导致胎儿发育畸形或死亡。另外，CRT 含铅玻璃中的铅含量（约 11.4%）要远高于我国大多数铅矿资源（含铅约 3%），金属铅作为重要的国家有色金属资源，大量

表 5-5　CRT 显示器玻壳组件含铅量

玻壳组件名称	占玻壳组件含量/%	组件铅含量/%	占 CRT 总铅含量百分比/%
屏玻璃	69.9	0～4	15.3
熔结玻璃	4.9	70～80	2.2
锥玻璃	25.2	22～28	77.2
颈玻璃	0.1	26～32	1.0

的报废 CRT 含铅玻璃可以作为回收再生铅的重要原料。因此，CRT 含铅玻璃的资源化、减量化、无害化处理，既可以避免资源浪费，还可以避免对生态环境保护产生的负面影响。

对 CRT 玻璃绿色环保回收利用，就要有效解决铅渗出的问题。CRT 玻璃除铅的方法主要是酸浸处理和熔融冶炼处理。

（一）CRT 玻璃在自密实混凝土中的回收应用技术

CRT 玻璃经过粉碎预加工处理，得到玻璃颗粒。该技术采用酸浸提取技术，首先对 CRT 玻璃颗粒进行酸浸出处理，用不同浓度、不同液固比的乳酸、硝酸、盐酸、乙酸，对不同粒径的 CRT 玻璃进行铅浸出处理；然后利用除铅处理后的 CRT 玻璃颗粒替代砂石骨料掺入自密实混凝土和钢管中配制 CRT 玻璃自密实钢管混凝土，从而有效地解决 CRT 的绿色回收和砂石材料的短缺问题。

1. CRT 玻璃的酸浸处理技术

1）铅浸出率测定方法

在 CRT 玻璃的酸浸处理中，测定铅浸出率的方法主要有两种：一种是直接分析玻璃中的铅含量；另一种是测定浸出液中铅的含量。直接分析铅浸出处理后 CRT 玻璃中的铅含量有很大的困难，采取测定浸出液中铅浓度的方法来测定浸出率比较常见。

采用国家标准《危险废物鉴别标准——浸出毒性鉴别》中对于金属元素铅的测定方法《固体废物元素的测定——电感耦合等离子体原子发射光谱法》来进行分析。铅浸出率按照浸出铅的质量占 CRT 玻璃中铅的总质量的百分比来计算。氧化铅中铅的质量分数为 92.825%，用 γ 来表示浸出率，则浸出率计算公式为

$$\gamma = \frac{cv \times 10^{-6}}{my \times 92.825\%} \times 100\%$$

式中　　c——酸浸出液中重金属铅的浓度（mg/L）；

　　　　v——酸浸出液的体积（mL）；

　　　　m——CRT 玻璃的质量（g）；

　　　　y——CRT 玻璃中氧化铅的含量。

2）浸出剂的影响

不同的浸出剂种类、浓度、液固比对铅的浸出效果影响比较大。在浸出 24 h 后，乳酸、硝酸、盐酸、乙酸四种浸出剂的最大浸出率分别为 1.87%、2.19%、0.76%、1.58%。恰当地选择浸出剂及其浓度、液固比可以获得更好的铅浸出效果。例如，液固比为 10:1、浓度为 1 mol/L 的乳酸，铅浸出率为 1.87%；液固比为 30:1、浓度为 1.5 mol/L 的硝酸，铅浸出率为 2.19%。

3）玻璃颗粒粒径的影响

从动力学角度分析，CRT 玻璃固体颗粒的粒径较小时，其比表面积比较大，从而铅离子与酸浸出剂中氢离子的接触面积就相对大一些。接触面积的大小直接决定了离子交换反应的程度，反应越充分，则铅的浸出效果就会越好。另外，粒径小的玻璃颗粒的比表面积大，但是经过一段时间的反应，玻壳表面会形成硅氧保护膜，进而使玻璃颗粒物发生团聚现象，从而细玻璃颗粒物反而有表面积减小的趋势，这种趋势会抑制浸出反应。所以玻璃颗粒粒径在一定范围下，如 0.5～20 mm，粒径的大小对浸出率的影响不大。

4）浸出时间的影响

当浸出时间小于 24 h 时，浸出时间对浸出率的影响比较大；但是随着时间的推移，离子交换反应达到平衡，浸出液中各个离子的浓度基本不再变化，浸出率会达到一种相对稳定的状态。因此，通常浸出时间采用 24 h 即可保证较好的浸出率。

5）重复浸出的影响

通过采用第一次浸出后的酸溶液再对未处理的 CRT 玻璃固体颗粒进行第二次浸出方法，铅浸出率仍然可以得到很高的增长。因此，酸浸液可以进行至少一次的重复利用，由于对 CRT 玻璃进行酸浸处理会消耗大量的酸试剂，如果酸试剂可以重复利用，这将大幅减小 CRT 玻璃的预处理成本。

2. CRT 玻璃在自密实混凝土中的应用

CRT 玻璃是一种标准的 PbO—SiO 体，不仅含有大量的硅和钙，而且与粉煤灰和水泥的成分比较相似。研究表明，采用粗玻璃骨料替代天然石子，随着玻璃替代率的增大，粗玻璃混凝土的工作性能得到改善。采用细玻璃骨料替代河砂，随着玻璃替代率增加，细玻璃混凝土的工作性能有所降低。为了提高细玻璃混凝土的工作性能，需掺入添加剂配合玻璃细骨料来使用。

1）骨料

CRT 玻璃经过预加工处理，得到两种粒径的玻璃颗粒，一种是粒径小于 5 mm 的 CRT 玻璃细骨料，另一种是粒径为 5～20 mm 的 CRT 玻璃粗骨料。采用等质量的替代方式，CRT 玻璃用于同时替代自密实混凝土中的粗骨料和细骨料。这与自密实混凝土规程中对粗细骨料中的粗骨料的最大粒径宜小于 20 mm，细骨料宜选用中砂的要求基本一致。

对 CRT 玻璃进行铅浸出的预处理，可以采用浸出率较高的乳酸（浓度为 1 mol/L，液固比为 10:1，浸出时间 24 h）和硝酸（浓度为 0.5 mol/L，液固比为 10:1，浸出时间 24 h），每小时搅拌 60 s，浸后用蒸馏水浸没 1 h，然后用自来水冲洗干净。对粗、细骨料进行筛分，按照 JGJ 52—2006《普通混凝土用砂、石质量及检验方法标准》中的步骤进行。

2）外加剂

外加剂包括高效聚羧酸减水剂、柠檬酸缓凝剂、瓜尔胶和硼酸配制的生物高聚物外加剂。减水剂的种类对自密实混凝土的性能有很重要的影响，一般配制自密实混凝土选用聚羧酸高效减水剂。聚羧酸减水剂有很好的减水效果，还可以高效地分散混凝土中的颗粒，使骨料悬浮于浆体中，极大地改善自密实混凝土的工作性能。生物聚合物由瓜尔胶和硼酸配制而成。使用瓜尔胶粉配制浓度为 0.1% 的瓜尔胶溶液，使用浓度为 0.1%的硼酸作为交联剂。生物聚合物的配方为由 0.1% 浓度的瓜尔胶与 0.1%浓度的硼酸以 4:1 的质量比混合配制。

3）掺加 CRT 玻璃的自密实混凝土基本性能

用 CRT 玻璃粗细骨料分别替代天然粗细骨料，CRT 玻璃粗骨料表面比较光滑，减少了砂浆和骨料间的界面摩擦力，相对碎石来说，其流动性更强，随着玻璃替代率的增大，自密实混凝土的流动性增大；玻璃材料的吸水率比较砂、石的吸水率低一些，且玻璃材料的透水性好一些。掺入 CRT 玻璃后，因为 CRT 玻璃吸水率比较低，且随着替代率增大，导致游离的水分变多，从而增大了离析率，也使得砂浆的流动性增大。随着 CRT 玻璃替代率的增大，填充性指标坍落扩展度可由约 615 mm 增大到 700 mm，约 15%的增量，性能等级由 SF1 级（坍落扩展度为 550～655 mm）提升为 SF2 级（坍落扩展度为 600～755 mm）；填充性指标扩展时间（T_{500}）大于 2 s，性能等级为 VS1 级（$T_{500} \geqslant 2$ s）；抗离析性指标筛析法离析率 4.3%～8.8%，满足抗离析性指标要求（筛析法离析率小于等于 20%），性能等级为 SR2 级（筛析法离析率小于等于 15%）；间隙通过性指标小于 50 mm，符合要求。

4）酸浸处理对 CRT 玻璃自密实混凝土性能的影响

CRT 玻璃经过乳酸预处理后，自密实混凝土的扩展度相对稍小一些，降幅小于 3%。扩展度下降的原因是 CRT 玻璃经过乳酸处理后，颗粒物表面出现云状疏松的絮状物，这层无定形絮状物的存在使得表面的光滑程度下降。另外，CRT 玻璃经过酸处理后，玻璃细骨料会产生团聚现象，从而在一定程度上增加了表面粗糙度，由此在流动过程中增加了砂浆和骨料的摩擦力，导致流动性小幅下降。扩展时间 T_{500} 的变化不明显，通过性满足要求。玻璃是否经过酸处理，对其离析率基本没有影响。

5）CRT 玻璃自密实混凝土硬化密度

随着 CRT 玻璃替代率的增大，自密实混凝土密度逐渐增大。替代率达到 50%时，硬化密度增加到 110 kg/m³。采用 CRT 玻璃粗骨料和细骨料同时等质量地替代天然粗骨料和细骨料，用 CRT 细玻璃替代河砂，使得自密实混凝土内部的填充效果好于河砂。内部越致密，则自密实混凝土的密度越大。主要原因是，采用 CRT 玻璃替代天然骨料，其密度大于石子和河砂的密度，通常 CRT 玻璃的表观密度约为 2 900 kg/m³，远高于砂石的表观密度 2 600 kg/m³。

6）CRT 玻璃自密实混凝土吸水率

经 105 ℃烘干 24 h 后，试件冷却后称量其质量记为 M_1，之后将试件放入常温水中浸泡 48 h 后取出试件称量其质量记为 M_2，自密实混凝土试件的吸水率计算公式为

$$\omega = \frac{M_2 - M_1}{M_2} \times 100\%$$

式中　ω——自密实混凝土吸水率（%）；

M_1——初始质量（kg）；

M_2——浸水饱和后的质量（kg）。

随着 CRT 玻璃替代率增大，自密实混凝土的吸水率逐渐减小。替代率达到 50%时，吸水率约减少 14%。一方面原因是用 CRT 细玻璃替代天然河砂，使得自密实混凝土的内部填充效果好于河砂，内部越致密，混凝土内部的孔隙越少；另一方面由于 CRT 玻璃具有较低的吸水率和不透水性，从而用 CRT 玻璃替代天然骨料后导致混凝土的吸水率减小。

3. CRT 玻璃自密实混凝土的力学性能

按照 GB/T 50081—2002《普通混凝土力学性能试验方法标准》对自密实混凝土力学性能进行测试分析。

1）立方体抗压强度

随着 CRT 玻璃替代率的增加，自密实混凝土的立方体抗压强度不断降低。与天然骨料自密实混凝土相比，CRT 玻璃替代率为 10%、20%、30%、40%、50% 的混凝土立方体抗压强度依次降低了 4.9%、11.7%、20.4%、25.7%和 34.9%；而经过乳酸处理后，CRT 玻璃替代率为 10%、20%、30%、40%、50%的混凝土立方体抗压强度依次降低了 4.4%、14.1%、14.3%、17.4%、29.9%。主要原因是 CRT 玻璃表面光滑，作为骨料取代天然砂石后，CRT 玻璃骨料组成的砂浆本身的咬合力较小，且玻璃骨料与砂浆的界面黏结力也比较弱，导致在界面处容易受力发生破坏。同时，CRT 玻璃粗骨料的抗压强度小于天然石子的抗压强度，随 CRT 玻璃替代率的增大，自密实混凝土的强度减小。另外，加入 CRT 细玻璃后，一定程度上抑制了水化反应，水化反应不够充分也会导致混凝土的立方体抗压强度减小。对比于掺入普通 CRT 玻璃，掺入经过乳酸预处理后的 CRT 玻璃能使混凝土立方体抗压强度稍有提高，当玻璃替代率为 30%～50%，玻璃经乳酸处理后，强度会增加约 10%。原因是未经过乳酸预处理的 CRT 玻璃含有较多的重金属铅，铅元素的存在会阻碍水化反应进行，从而会导致混凝土强度的降低。同时，CRT 玻璃经过乳酸预处理后，表面光滑度下降，表面粗糙度加大，从而结合成的砂浆相对比较密实，最终导致其抗压强度稍强于普通 CRT 玻璃配制的自密实混凝土。

掺入生物聚合物，自密实混凝土的立方体抗压强度会有所增加。当玻璃替代率为 30%时，掺入生物聚合物后的立方体抗压强度增加了 18.4%～27.5%。原因是生物聚合物呈黏稠状，使得浆体更密实，从而和粗骨料更有效地结合，结合成的砂浆相对比较密实，最终增加了其强度。另外，生物聚合物掺入水中使得黏稠度增加，在一定程度上会减小混凝土的水灰比，相应的强度会有所增加。掺入生物聚合物后形成无机有机复合材料新结构，CBC（CRT—生物聚合物—混凝土）复合材料在物理或化学上影响混凝土的结构，但不会使混凝土基本的钙硅元素的结构单元发生任何重大变化，其特征在于形成具有足以稳定铅的纳米结构，这类复合材料与地质聚合物的基本结构相似。

2）劈裂抗拉强度

CRT 玻璃替代自密实混凝土劈裂抗拉强度的变化趋势与混凝土立方体抗压强度变化趋势基本一致。与天然骨料自密实混凝土相比，CRT 玻璃替代率为 10%、20%、30%、40%、50%的混凝土劈裂抗拉强度依次降低了 4.1%、5.9%、6.8%、20.7%和 21.7%。CRT 玻璃经过乳酸预处理后，劈裂抗拉强度稍有下降，但是下降幅度不显著，当掺率达到 40%时，裂抗拉强度下降约 16%。主要原因是由于采用 CRT 粗玻璃替代天然粗骨料，玻璃表面比较光滑，这使得玻璃骨料与砂浆的黏结力比较弱，且砂浆与粗骨料间界面黏结力变小，导致在界面处容易受力发生破坏。随着 CRT 玻璃替代率增加，这种现象黏结力下降的现象会愈加明显。

加入生物聚合物后，自密实混凝土的劈裂抗拉强度会有所提高。当玻璃替代率为 30%时，掺入生物聚合物后的劈裂抗拉强度增加了约 14%。原因是加入生物聚合物后形成的 CBC（CRT—生物聚合物—混凝土）复合材料在物理或化学上影响混凝土的结构，使得浆体更密实，从而和粗骨料更有效地结合，最终使得生物聚合物自密实混凝土的劈裂抗拉强度有所增加。此外，生物聚合物掺入水中使得黏稠度增加，在一定程度上会减小自密实混凝土的水灰比，相应的劈裂抗拉强度也会有所增加。

3）轴心抗压强度和静弹性模量

CRT 玻璃替代自密实混凝土轴心抗压强度和静弹性模量的变化趋势与混凝土立方体抗压强度变化趋势基本一致，呈现下降的趋势。与天然骨料自密实混凝土相比，CRT 玻璃替代率为 10%、20%、30%、40%、50%的混凝土，轴心抗压强度依次降低了 4.8%、8.6%、18.4%、26.9%和 33.6%，静弹性模量依次降低了3.1%、8.0%、11.8%、13.5%和 16.5%。原因是 CRT 玻璃表面光滑，作为骨料取代天然砂石后，CRT 玻璃骨料组成的砂浆本身的咬合力较小，且 CRT 玻璃粗骨料与砂浆的界面黏结力较小，导致在界面处受力容易发生破坏；CRT 玻璃粗骨料的抗压强度小于天然石子的抗压强度，随着 CRT 玻璃骨料替代率增大，导致 CRT玻璃自密实混凝土的轴心抗压强度和静弹性模量呈现减小的趋势。与上述其他性能指标影响原因相当，加入生物聚合物后，自密实混凝土的轴心抗压强度和静弹性模量会有所提高。

4. CRT 玻璃自密实混凝土的铅渗出分析

对 CRT 玻璃自密实混凝土进行破碎后采样的铅渗出测试，结果表明，普通CRT 玻璃自密实混凝土的铅渗出浓度为 0.98～2.11 mg/L；而 CRT 玻璃经过乳酸处理后大大降低了铅渗出浓度，其浓度在 0.33 mg/L 以下；在加入生物聚合物之后，铅渗出浓度进一步降低，处于 0.06 mg/L 以下。国家环保标准要求渗出浓度低于 5 mg/L，若渗出浓度小于 0.05 mg/L 时，便可以认为铅浓度是非常小，可以忽略不计。由此来看，CRT 玻璃经过乳酸处理后，再掺加生物聚合物后，对铅渗出起到了非常好的减量和隔绝效果。生物聚合物由黄原胶和瓜尔胶混合配制而成。生物聚合物封装铅的原理如下：黄原胶是一种具有重复序列的大分子物质，聚合物链的分子间和分子内联系形成了一个复杂的网络，作为一个单一的、成双的或 3 倍的螺旋，包含了大量的交联官能团的能力。根据单体结构中 CH_2OH，OH，COON 等特定官能团的不同，黄原胶可以通过构建配位模型将铅封装在周围官能团的所有结合连接中。然而，由于金属可以与有机化合物的官能团形成络合物，如果有多个官能团，就会发生金属螯合。例如，铅在螯合过程中对氧、硫和氮具有很高的亲和力，因此它可以很容易地与生物聚合物中氧的孤连接。瓜尔胶是一种天然多糖，包括 CH_2OH 官能团等许多 OH 基团，许多羟基可以与其他瓜尔胶单位进行交联反应，它们可以通过分子间和分子内结合带形成强链相互作用。不同的官能团接近铅，在协调结构中相互连接。最终，这种协调模型附着在混凝土上，形成了一个类似黄原胶的三维交联网络。这种交联网络有效地对铅进行了封装。

　　针对混凝土在特定环境中工作时的铅渗出状况，对 CRT 玻璃自密实混凝土进行水中浸泡工作环境下的铅渗出测试。试验结果表明，在环境工程标准中铅渗出测定的液固比 10:1 条件下，CRT 玻璃自密实混凝土水溶液中的铅浓度均不大于 5 mg/L 的国家环保标准要求。

　　5. CRT 玻璃在钢管混凝土中的应用

　　将 CRT 玻璃应用到钢管混凝土中，也能得到良好的应用效果。一方面可以充分利用碱骨料反应膨胀效应；另一方面封闭的钢管可以避免 CRT 玻璃的铅渗出问题，最终实现 CRT 玻璃综合利用。

　　核心混凝土以 C30 自密实混凝土为基准，掺入的 CRT 玻璃按质量替代法分别替代天然粗骨料和细骨料。由于玻璃骨料的吸水率远小于天然骨料，在制备混凝土时应适量减小用水量。用 CRT 玻璃替代混凝土中的粗细骨料，对不同 CRT 玻璃替代率的圆钢管混凝土进行轴压短柱对比测试试验和 CRT 玻璃自密实混凝土的收缩性能对比测试试验。

　　1）钢管混凝土轴压短柱受压性能

　　如果按照 GB 50936—2014《钢管混凝土结构技术规范》中的计算公式通过对钢管混凝土的轴心受压强度进行承载力估算，钢管内核心混凝土的强度随 CRT 玻璃替代率的增加而下降将导致钢管混凝土的承载力随玻璃替代率的增加而显著下降。而承载力测试试验发现，与天然骨料钢管混凝土相比，CRT 玻璃替代率为 10%、20%、30%、40%的钢管混凝土实际的承载力并未下降，CRT 玻璃替代率为 50%的钢管混凝土实际的承载力稍有下降，但是下降幅度不显著，下降约为 2.5%。这说明掺入 CRT 玻璃后，对钢管混凝土的承载力并未产生显著的影响，二者可以较好地协同工作，充分发挥钢材与玻璃混凝土二者的性能，避免了玻璃混凝土独立工作而导致的强度下降。从工作机理分析，加入 CRT 玻璃后给钢管混凝土带来两方面的影响，一方面是碱骨料反应带来的膨胀效应，这种效应会增大钢管和混凝土的协同工作，使承载力提升；另一方面是核心混凝土强度下降导致钢管混凝土的承载力降低。当 CRT 玻璃替代率小于 40%时，膨胀效应起主导作用，使得钢管混凝土实际的承载力并未下降。当玻璃替代率达到 50%时，核心混凝土强度降低成为主导作用，导致钢管混凝土承载力小幅下降。

与天然骨料钢管混凝土相比，CRT 玻璃替代率为 10%～50%的钢管混凝土的轴向荷载—纵向应变、峰值承载力也基本不变。只是随着 CRT 玻璃替代率的增加，荷载应变的下降段逐渐变陡，延性会有所下降。但是，在正常使用阶段，玻璃骨料自密实钢管混凝土柱与普通自密实钢管混凝土柱的刚度和极限承载力基本相同。从这个角度来看，在进行结构设计时不需要考虑玻璃骨料的影响。

2）钢管混凝土长期收缩性能

（1）对自密实混凝土来说，掺入 CRT 玻璃后对自密实混凝土的长期收缩有一定的抑制作用，CRT 玻璃替代率为 10%～50%的自密实混凝土 90 天的累计收缩收缩应变范围为 0.39‰～0.56‰。当 CRT 玻璃替代率为 40%时，与天然骨料自密实混凝土相比，收缩值相对下降了 23.5%。随着玻璃骨料替代率的增加，收缩值逐渐减小，这是因为 CRT 玻璃中的活性二氧化硅（SiO_2）含量较高，导致了碱骨料反应。碱骨料反应是指混凝土中的碱性物质如氢氧化钾和氢氧化钠与 CRT 玻璃骨料中的活性 SiO_2 发生化学反应，导致混凝土发生膨胀效应甚至开裂破坏的现象。碱骨料反应的反应物是活性 SiO_2 和混凝土中的碱性物质，碱性物质主要源于水泥、粉煤灰等，而活性 SiO_2 主要来源于骨料。用 CRT 玻璃替代天然骨料，增加了活性 SiO_2 的含量，导致碱骨料膨胀效应，相应地减小了自密实混凝土的收缩变形。

（2）对钢管混凝土来说，由于钢管对内部核心混凝土具有约束作用，大大减小了混凝土自身的收缩值，在混凝土内掺加 CRT 玻璃，后期的膨胀效应又会在一定程度上减小混凝土的收缩值，所以二者综合来看，CRT 玻璃钢管混凝土的收缩值比较小。CRT 玻璃替代率为 10%～50%的钢管混凝土 90 天的累计收缩应变范围为 0.1‰～0.19‰，不同的玻璃替代率对钢管混凝土收缩变形的影响趋势不明显。可以看出，CRT 玻璃钢管混凝土的收缩值通常非常小，因此在实际应用中，对碱骨料反应有时需要考虑进行必要的抑制。碱骨料反应抑制措施主要有：降低反应物中的碱含量，采用非活性骨料，控制湿度，掺加粉煤灰、硅灰等矿物掺合料，掺加低碱含量的化学外加剂。

（二）CRT 玻璃熔融回收硫化铅—制取水玻璃应用技术

熔融回收硫化铅—制取水玻璃技术是指在熔融废 CRT 含铅玻璃制备玻璃熔

块的阶段，通过添加沉淀剂等物质，在分离报废 CRT 含铅玻璃中铅资源的同时获得玻璃熔块，所得的玻璃熔块可作为制取水玻璃的原料。

1. CRT 玻璃熔融沉淀硫化铅的机理

CRT 玻璃中氧化铅（PbO）的含量很高，因此定性为高铅晶质玻璃，分子组成式为 R_mO_n—PbO—SiO_2，SiO_2 为 CRT 玻璃的主要组成成分，是构成 CRT 玻璃蜂窝状网络结构的基本单元。PbO 为 CRT 玻璃中的特征成分，赋予 CRT 玻璃的独特性质。彩色 CRT 显示器由于要进一步提高显像管栅极电压以保证其输出图像亮度的原因，锥玻璃多采用高质量系数含 PbO 玻璃为原料，PbO 含量为 22%～28%；颈玻璃多采用电阻率更高、抗击穿性能更好的，PbO 含量为 26%～32% 的玻璃为原料。

在用 CRT 玻璃高温熔融制备玻璃熔块的过程中，在高温下 CRT 玻璃的硅质连续蜂窝状网络结构发生变化，硅、铝、铅、钠等原子间的结合键断开，铅离子（Pb^{2+}）游离在 CRT 玻璃熔融而成的黏稠状熔融态物质中，因此更易与其他物质接触并发生反应从而进行分离回收。当在 CRT 玻璃熔融而成的黏稠状熔融态物质中加入沉淀剂及其他物质，游离的 Pb^{2+} 与沉淀剂接触并发生反应生成铅或铅的化合物，由于铅或铅的化合物质量分数远远大于熔融的 CRT 玻璃，因此铅或铅的化合物会由于重力作用沉淀至坩埚底部。再经过冷却作用后凝结成型，玻璃熔块和铅或铅的化合物之间形成清晰的界限并不粘连，可以方便地实现废 CRT 玻璃中铅的分离和回收。

在从 CRT 玻璃中熔融沉淀回收硫化铅（PbS）的反应中，使用硫化钠作为沉淀剂，硫化钠（Na_2S）可在高温下与熔融态 CRT 玻璃中的硅酸铅组分发生反应，生成硅酸钠水玻璃熔块和 PbS 沉淀物。回收 PbS 的关键是熔融条件下硫离子（S^{2-}）与 Pb^{2+} 生成 PbS 并重力沉淀至坩埚底部。

2. CRT 玻璃制取水玻璃的机理

水玻璃俗称泡花碱，是一种水溶性硅酸盐，其水溶液俗称水玻璃，是一种矿物黏结剂。其化学式为 $R_2O \cdot nSiO_2$，式中 R_2O 为碱金属氧化物，n 为 SiO_2 与碱金属氧化物摩尔数的比值，称为水玻璃的摩尔数。按照水玻璃中碱金属氧化物的不同，可被分为钠水玻璃、钾水玻璃和锂水玻璃等。水玻璃是制备分析试剂、防火剂、黏结剂等的重要原料，报废 CRT 玻璃制取的水玻璃主要为钠水玻璃。

制备水玻璃的方法有干法和湿法两种，干法采用 SiO_2 和纯碱作为原料在高温下烧结，并对高温产物进行水淬溶解，经过滤所得溶液即为水玻璃溶液；湿法使用氢氧化钠溶液直接溶解 SiO_2 制备水玻璃。我国的水玻璃工业主要以干法为主，干法与湿法相比，得到的水玻璃模数（SiO_2 与碱性氧化物摩尔数的比值）较高，使得水玻璃品质好、质量稳定。干法制取水玻璃主要包括配料、反应、水淬、沉清、浓缩五步，将碳酸钠（Na_2CO_3）与 SiO_2 混合后搅拌均匀，传输至高温反射炉中进行加热，混合料高温下熔融混合并发生化学反应。制成的熔融水玻璃经导流进入冷却系统，根据配方加入适量的水，在蒸汽氛围下进行溶解。待反应进行结束后，沉淀分离。在这一过程中，硅酸钠被水溶解，溶于水中的硅与水中的羟基发生化学反应生成硅酸。硅酸钠中钠离子的含量越高，水玻璃模数越高，硅酸钠的溶解性越好。通过在玻璃熔快制备阶段加入适量 Na_2CO_3 增加玻璃熔块中钠的含量，可以对制成的水玻璃的模数进行调节，并可增加溶解性。

3. CRT 玻璃熔融回收硫化铅—制取水玻璃工艺过程

1）待反应物料

首先将 CRT 玻璃进行机械粉碎和研磨处理成为玻璃粉末，预处理过程使得 CRT 含铅玻璃中的含铅化合物被包裹在其独特的硅质连续蜂窝状网络结构发生变化，硅、铝、铅、钠等原子间的结合键断开，同时增大 CRT 玻璃的比表面积，可以加快在高温下的熔解速率，增大有效的反应面积和化学反应速率，更加快速、充分地和加入的 Na_2CO_3 发生反应。经过处理的 CRT 玻璃粉按照一定比例和 Na_2CO_3 粉末及 Na_2S 沉淀剂混合并搅拌均匀，配制成待反应物料。

2）高温熔制

根据高温熔制下的状态变化，分为熔制、澄清和冷却三个阶段。

（1）熔制阶段。充分混合均匀的 CRT 玻璃粉和 Na_2CO_3 粉末装入坩埚中，在电炉中逐渐加热升温，CRT 玻璃与 Na_2CO_3 粉末开始发生反应并释放出二氧化碳气体，熔融物料起泡膨胀，物料性质发生明显变化。

（2）澄清阶段。随着升温的继续进行，坩埚内的熔融物料逐渐形成，随着物料中的二氧化碳气体慢慢排出，物料中的气孔结构慢慢消失愈合，起泡膨胀的物料逐渐收缩并转变为黏性熔融物，并逐渐澄清，最后转变为清澈的黏稠状熔融态物质。在高温熔融状态下，硅类物质的连续结构被打破，含铅化合物生成 PbS 重力沉淀至坩埚底部并与玻璃熔块形成分明的界限，易于分离和回收。高温有助于加速这一过程的进行。

（3）冷却阶段。停止加热，坩埚内的熔融物料逐渐冷却至室温，形成 PbS 沉淀和澄清透明的玻璃状固态物质。

3）高温熔制与反应过程控制

制备过程中，Na_2CO_3 的加入量、Na_2S 的加入量、反应温度和保温时间是影响从 CRT 玻璃中熔融沉淀回收 PbS 的重要因素。

（1）Na_2CO_3 加入量影响。随着 Na_2CO_3 加入量的增加，PbS 的回收率随之增加，即 PbS 的回收率随水玻璃模数的减少而增加，当水玻璃的模数降至 1.75 时，PbS 的回收率达到最大。

（2）Na_2S 加入量影响。Na_2S 加入量在理论计算值的 1～1.5 倍范围内，PbS 的回收率随 Na_2S 加入量的增加呈上升趋势，当 Na_2S 的加入量达到理论计算值的 1.5 倍时，回收率趋于平稳。

（3）反应温度影响。随反应温度的升高，在 1 100～1 150 ℃的范围内，PbS 的回收率增长速度较快，当反应温度达到 1 150 ℃后，PbS 回收率的增长放缓并趋于稳定。

（4）反应时间影响。随着反应时间的增加，PbS 的回收率随之增加，在 90～120 min 的范围内，回收率增长速度最快，当反应时间大于 120 min 后，PbS 的回收率的增长放缓并趋于稳定。

（5）最佳反应控制条件。CRT 玻璃中回收 PbS 的最佳反应控制条件是，1.5 倍理论计算值的 Na_2S 加入量，水玻璃模数为 1.75 时的 Na_2CO_3 加入量，反应温度 1 150 ℃，反应时间 120 min。在最佳反应控制条件下，可获得较高品位的 PbS，PbS 回收率可以接近 90%，同时得到的水玻璃熔块可进一步作为制取水玻璃的原料。

4）分离回收

分离 PbS 沉淀物和水玻璃熔块。制得的水玻璃熔块在高温高压下发生水溶反应，经过离心机使得溶解渣和水解液分离。水解液加入沉淀剂以去除其中的微量铅得到粗制水玻璃溶液；溶解渣清洗后进行酸溶处理以破坏其中方沸石的化学结构，经过清洗后再使用制得的粗制水玻璃溶液回溶，得到微量尾渣和末级粗制水玻璃溶液；末级粗制水玻璃溶液经过处理，即可制得精制水玻璃溶液。

二、退役报废液晶显示器回收处理技术

目前，电子设备的显示器以液晶显示器为主。随着液晶技术在显示器行业的快速发展，液晶显示器的报废量开始不断增加。作为一个新的电子产品品种，其回收处理利用技术已经越来越得到人们的重视。

液晶显示器中含汞、镉、镍、铬、铅等有毒有害金属及砷、硒、多溴二苯醚（PBDE）和多溴联苯（PBB）等有毒非金属物质，液晶是由多种芳香族化合物组成的混合物，其生态毒性虽目前尚不明确，但液晶成分复杂且含有氰基、氟、溴、氯等对环境可能产生危害的基团，如处理不当易对环境造成污染，进而威胁人类健康。如果报废液晶显示器直接进行卫生填埋处理，经生命周期评估后发现，对环境影响以生态毒性、生物多样性、人类生活及产生非毒性报废物为主。报废液晶显示器经酸浸后镉的浸出浓度超过我国浸出毒性鉴别标准值，也不适宜填埋处理。

同时，报废液晶显示器又含金、银、铟、锡、铜、锌等金属以及塑料、玻璃基板等材料，这些物质具有显著的资源化利用价值。尤其报废液晶显示器中的铟是稀有金属。全球铟的储量只占黄金储量的约 1/6，而且铟产品的 70%用于液晶显示器氧化铟锡的制作，而液晶显示器面板中铟含量约为面板质量的 0.03%，我国每年消耗金属铟约 30×10^4 kg，按市场价 4 500 元/kg 折合，价值约 13.5 亿元。因此蕴含在报废液晶显示器中的金属铟再生回收潜力、价值极大。作为液晶显示器液晶面板的关键原材料，玻璃基板一般是中性硼硅玻璃和无碱硅酸铝玻璃，占到液晶显示器液晶面板总质量的 83%。按上述液晶显示器的报废量来估算，玻璃基板的产生量也不可小觑，若能将玻璃基板进行资源化利用，也将带来可观的经济效益。因此，采用科学有效、合理规范的技术手段处理报废液晶显示器，不仅可以避免不规范处理产生的二次污染问题，还可以提高废物循环利用水平，兼具

环境效益和社会经济效益。

（一）液晶显示器组成结构

液晶显示器主要由液晶面板和背光模组两部分组成。

1. 液晶面板

虽然液晶显示器品种很多，但是液晶显示器液晶面板的主要构造基本相同，主要由玻璃基板、氧化铟锡镀膜、有机材料偏光片和液晶及背光模组等构成。两片平行的氧化铟锡玻璃基板之间注入液晶并黏结在一起，贴上上下两片偏光片，再加上下部（后部）背光模组，与驱动集成电路和控制电路板连接起来，即成为液晶面板模组。

1）玻璃基板

氧化铟锡玻璃基板是一种在钠钙基或硅硼基玻璃的外表面涂敷上厚度只有几千埃的透明导电膜的玻璃，一般是根据所用显示器的显示原理，选择相对应的镀层，一般透明导电膜是由三氧化二铟（In_2O_3）与 SiO_2 按照质量比 9:1 混合制成，因此氧化铟锡镀膜中金属铟的含量很高。氧化铟锡玻璃基板上的透明导电氧化铟锡膜的生产工艺有多种，常用真空溅射法将其蒸镀到玻璃基板上。氧化铟锡膜被刻蚀成电极后，如果施加适当的电信号即可显示出相对应的图形。玻璃基板厚度一般为 0.5～0.7 mm，一片液晶面板需要使用两片玻璃基板，其作用是支撑保护液晶分子和氧化铟锡电极。液晶面板所用的玻璃基板质量小、透明度高、机械硬度好，容易切割加工。玻璃基板使用的材料通常有钠钙玻璃、硼硅玻璃和铝硅玻璃三种，其主要成分是 SiO_2 和三氧化二铝（Al_2O_3）等氧化物。为了阻止基片玻璃上的金属离子扩散到氧化铟锡层，玻璃基板与氧化铟锡电极之间存在一层耐腐蚀、致密性能好的 SiO_2 阻挡层，以减缓碱对玻璃的腐蚀，防止玻璃层中的离子渗透影响器件的性能。

2）液晶

液晶是指一类在某一温度范围内为液相，而在较低温度时能够结晶的高分子有机化合物。在其熔点和清亮点之间的温度范围内，呈现出一定的液晶相，它既具有液体的流动性、可发生形变、有一定黏度的特性，又具有晶体的磁（磁光效应）、电（电光效应）、热（热效应）、光（光学各向异性）等物理性能，液晶的分子排列决定着光线穿透它的路径。根据其成分和形成方式的不同,液晶分为热致液晶和溶致液晶两大类,目前普遍使用的是热致液晶。根据分子排列方式的不同,热致液晶又分为近晶相液晶、向列相液晶、胆甾相液晶三种类型,其中,向列相液晶是目前显示器中应用最为普遍的液晶。根据实际显示需要,为了保证液晶材料具有高电阻率及在紫外线下高稳定性的特性,现在使用的液晶中一般都含有氟元素。液晶单体主要包括联苯类、苯基环己烷类、酯类、乙烷类、双环己烷类、嘧啶类、链烯基类等,单独一种液晶不能呈现图像,现在显示器中使用的液晶是由几十种液晶单体根据其所要实现的功能混配而成。

3)配向膜

配向膜(PI 膜)涂敷在液晶面板的内表面,其主要功能是实现液晶分子的取向,为液晶分子提供一个有序排列的承载平台,使液晶分子初始状态的方向和角度符合要求。液晶取向层一般用的是化学性质稳定的聚亚酰胺薄膜,根据其固化方式的不同,配向膜分为两类,一类是通过加热聚合固化的 PI 导向膜,其原料是聚亚酰胺和 DMA、NMP 或 BC 溶剂组成;另一类是通过紫外线聚合固化的 PI 导向膜,其原液的组分是带紫外线光敏基团的聚亚酰胺和溶剂。一般要求形成的配向膜化学性质稳定,不和液晶发生反应,与玻璃基板接触可靠,而且分布均匀。

4)封框胶

封框胶是一种涂抹在两片基板玻璃四周的边框上而使其黏结成一个整体的黏结剂,这样不但可以留有一定的间隙以灌注液晶,还可以避免液晶外漏和外界杂质进入污染液晶。液晶显示屏用封框胶主要有热固化胶和紫外固化胶两大类,主要区别在于固化方式不同。在液晶灌注工艺中,封框胶一般为环氧树脂热固性胶,封口胶采用丙烯酸酯类紫外固化胶,无论采用哪种固化胶,都必须满足抗溶性极好、黏结性好、带电离子含量少、固化深度低的要求。

5)偏光片

偏光片呈片状,贴附在玻璃基板的外表面,它的主要作用是完成非偏振光和偏振光之间的转换,在它的作用下只能通过某一个方向振动的光波,而其他方向振动的光将被选择性阻挡。偏光片透过率和偏光率越高,液晶面板的显示效率就越高，所消耗的能量也就越少。偏光片是将偏光膜和保护膜通过层压技术而得到的一种复合膜，其中偏光膜是高度取向的聚乙烯醇膜，以偏光膜为基材，在其两侧各复合一层三醋酸纤维素膜起保护作用，形成偏光片原板，最后偏光片原板在压敏胶的黏结作用下与玻璃基板形成一个整体。压敏胶是一种聚丙烯酸酯溶剂型黏结剂，具有可以反复使用、不污染被黏结物、较大的初黏力和持黏力等优点。

2. 背光模组

由于液晶分子本身并不具有发光特性，所以要提供一个光源。背光模组包括照明光源、反射板、导光板、扩散片、增亮膜（棱镜片）及框架等。背光模组光源主要以冷阴极荧光灯（CCFL）和发光二极管（LED）光源为液晶面板的背光源。冷阴极荧光灯虽然具有较好的光学特性，但由于其内部充入汞蒸气，处理不当会对环境产生危害。随着环保意识的提高，冷阴极荧光灯的市场份额已经很小。

（二）液晶显示器资源化回收

二次铟资源主要有两个来源：一是氧化铟锡废靶材，主要包括产品生产过程中的边角料和溅射镀膜过程中未被利用的氧化铟锡靶材，由于铟产品生产过程中氧化铟锡靶材的利用率较低，因此氧化铟锡废靶材是目前再生铟材料的主要来源；二是报废液晶显示器液晶面板，虽然报废液晶面板中铟含量不及氧化铟锡废靶材，但是报废量巨大。报废液晶显示器作为退役报废电子设备的重要组成部分，如果将这部分铟资源妥善回收处置，对退役报废电子设备的资源化利用将有非常巨大的影响。目前，市场上再生铟几乎都是来自氧化铟锡废靶材，受工艺条件和回收成本限制，从报废液晶显示器中回收的铟极少。一般来说，铟含量超过 10 mg/kg 的铟矿就具有开采价值，与含铟量最高的闪锌矿（1～100 mg/kg）相比，废液晶显示器中的铟含量达到 250 mg/kg 以上，更具回收价值。资料显示，预计到 2035 年中国用于制造液晶显示器面板的铟的需求量将达到 350 t，而从报废液晶显示器回收的铟远低于需求量，只占需求总量的 48% 左右。

目前，由于报废液晶显示器的回收处理成本或者技术原因，液晶显示器大量采用简单的填埋和焚烧处理方式。填埋方法由于其具有方便操作且处理量大、成本低廉等优势，成为固体废弃物处理的主要方式，但是填埋处理会使大量的土地资源被占用，而且大量填埋气体及垃圾渗滤液会在垃圾填埋场漫长的稳定处理过程中产生，这些填埋气体和渗滤液将携带大量污染物和致病菌进入空气、土壤、地下水等环境中，从而长时间危害公众健康和生态环境。焚烧一般能使垃圾减重减量，使其更容易进行最终处置，并产生热量用于发电或者供热。然而，焚烧过程会产生大量的多环芳烃（PAH）等具有致癌性的有机污染物以及大量携带重金属和其他污染物的飞灰，将会直接带来生态环境的严重破坏。液晶显示器中零部件和材料的资源化回收，不仅是解决资源再生问题，而且能够解决采用简单的填埋和焚烧处理方式带来的环境破坏问题。

液晶显示器中铟的资源化回收过程包括去除有毒有害物质，回收有价值材料以及减少回收过程中污染物的产生，实现减量化与资源化，同时产生经济和环境效益。从液晶显示器中回收铟是一个较为复杂的过程，一般包括预处理、酸浸、铟的分离、铟的提纯、其余有价值材料的回收等步骤。

1. 液晶显示器回收预处理

在液晶显示器的回收利用过程中，首先要进行预处理。电视、台式计算机、平板计算机、手机等电子产品虽然都使用液晶显示器，但是液晶显示器构造复杂，而且不同液晶显示器产品的结构不同，需要进行分类后采用不同的拆解方式。拆解方式有手动拆解和机械拆解两种。初步拆解时大多采用人工拆解，这样可以对各部件进行完整分离，从而分离危险组件和集中回收有价值材料，初步拆解后再将氧化铟锡玻璃单独分离并破碎至适当尺寸的颗粒。

1）初步拆解

要得到氧化铟锡玻璃首先要对液晶显示器进行初步拆解，液晶显示器初步拆解基本流程如图5-12所示。液晶本身不发光，所以背光源是为液晶显示器提供

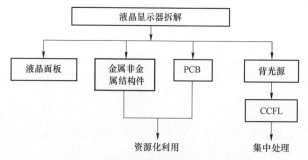

图5-12　液晶显示器初步拆解基本流程

光源的一个关键组件。早期的液晶显示器背光源主要是 CCFL，虽然具有较好的光学特性，但由于其内部充入汞蒸气，处理不当会对环境产生危害。随着环保要求的提高，CCFL 已经逐步被 LED 取代。CCFL 管径细、易破碎，为了防止汞扩散到环境中，拆除 CCFL 时必须在通风橱内进行，并将 CCFL 集中作为危险废物处理。

　　液晶显示器的初步拆解是资源化回收的基础。通过改进拆卸工装工具设计，如将 L 形卡扣应用在液晶显示器拆卸支架中，采用萃取设计法则（TRIZ）组装支架，可以大大简化液晶显示器的拆卸工艺，减少拆解时间，降低拆解成本。

　　2）液晶面板的处理

　　液晶显示器面板的处理是指将偏光片和液晶等与氧化铟锡玻璃完全分离，将氧化铟锡玻璃机械破碎至一定尺寸的颗粒。液晶显示器面板是一个夹层结构，通过有机黏结剂将各层紧密贴合在一起，处理方式主要有碱液浸泡、丙酮溶解、热软化和热解等，处理流程如图 5-13 所示。

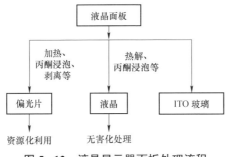

图 5-13　液晶显示器面板处理流程

　　3）氧化铟锡玻璃的破碎处理

　　氧化铟锡玻璃的破碎是前处理的重要步骤，使用的设备有破碎机、棒磨机、球磨机等。球磨是使用最多的一种方法。在破碎过程中，玻璃与球磨机反复发生碰撞，固体结构一次又一次地破裂，从而促进后续的机械化学固相催化反应。实验研究表明，酸浸效率在一定程度上随着颗粒的减小而增加，球磨处理有利于溶剂萃取过程的进行，细的颗粒可以增加固体的表面积，可以促进表面组分中化学物质之间的相互作用。

4）氧化铟锡玻璃的分离

氧化铟锡玻璃的分离可以采用整体分离，也可以采用破碎后分离。

整体分离的方法有多种，可以根据加工条件进行选择：① 整个玻璃面板加热，为了避免有害气体的产生，首先将温度控制在 240 ℃以下的温度区间，达到 240 ℃时停止加热，并将设备自然冷却；然后用刷子可以很容易地去除附着在氧化铟锡玻璃上的偏光片，去除率达到 90%（质量分数）；最后将氧化铟锡玻璃切割成 5 mm×5 mm 左右放入超声波清洗机，利用超声波的空化作用，在 40 kHz 的超声波振动下，使用工业洗涤剂作为清洗剂，清洗时间为 10 min，除去液晶材料，液晶去除率约 85%（质量分数）。② 先用丙酮浸泡玻璃面板 8 h，以降低偏光片与玻璃基板之间的黏性，然后撕下偏光片，将两块玻璃基板分离后继续放入丙酮中浸泡 1 h，使液晶溶于丙酮；也可以用刀片将偏光片的边角挑开，然后直接撕下偏光片，再将两块玻璃基板分离后放入丙酮中浸泡 3 h。③ 机械剥离分离法。对玻璃基板进行洗涤、干燥后，通过机械将两片玻璃基板分离，然后通过辊刷刮去液晶、氧化铟锡和少量玻璃，将液晶、氧化铟锡和少量玻璃研磨成剥离产物，实现液晶和铟的富集。④ 采用热解方法近处理。利用真空热解设备，将液晶显示器面板在石墨坩埚、50 Pa 的真空中以 30 ℃/min 的速度加热至 300 ℃，持续 30 min。真空热解完成后，收集热解油和气体。在真空热解之后，将有机材料的固体残余物从氧化铟锡玻璃基板的表面剥离，然后收集氧化铟锡玻璃板并粉碎成玻璃粉末。

破碎后分离方法，先将液晶显示器面板破碎成大约 5 cm×5 cm 大小的碎片，针对偏光片的主要组成成分聚乙烯醇和三醋酸纤维素，利用聚乙烯醇高温下的溶剂化作用和三醋酸纤维素与强碱可发生皂化反应而影响其力学性能等特性，在 70 ℃的温度条件下，将面板碎片置于 0.1 mol/L 的 NaOH 溶液中进行超声反应，约需 40 min 即可剥离偏光片。

2. 铟的分离提纯

目前，铟的分离提纯主要采用湿法过程进行处理，湿法过程首先对破碎后的氧化铟锡玻璃进行酸浸处理；然后对浸出液采用沉淀、溶剂萃取、置换、树脂分离以及膜分离等方法对铟进行分离富集。

1）酸浸处理

氧化铟锡玻璃中的氧化物主要是 In_2O_3 和 SiO_2。其中，SiO_2 不溶于酸性浸出体系，有利于锡与铟的分离。然而，氧化铟锡玻璃中还含有少量其余价态铟和锡的氧化物，如 SnO、InO 和 In_2O。酸浸处理是从氧化铟锡玻璃中提取铟时最重要的过程之一。铟的酸浸过程不仅对铟的回收率有影响，还会影响到玻璃的再利用。通常较小的氧化铟锡玻璃颗粒对铟浸出更有利，但是破碎处理的成本将会增加。酸浸过程铟浸出率的影响因素还包括温度、时间、酸的组成、酸浓度、液固比等。因此，酸浸过程是湿法处理技术中的关键。

将氧化铟锡玻璃破碎后，筛选出粒径 0.16～0.55 mm 的颗粒浸入氟化氢（HF）溶液中，进行机械搅拌 3 h，过滤得到氧化铟锡浸出液。在蒸发器中对氧化铟锡浸出液进行蒸发浓缩，回收的 HF 可以重复利用。强酸和强氧化性酸组合可以防止 Sn^{4+} 脱氧成 Sn^{2+}，还可以加速铟溶解。例如，用硝酸和盐酸配制的混合酸（$HCl:HNO_3:H_2O=45:5:50$，体积比），在 60 ℃条件下，将氧化铟锡玻璃颗粒浸泡 30 min，铟的浸出率约为 92%（质量分数）。

利用超声辅助处理可以大大提高浸出的效率。当超声波作用于液体时，在负压区液体会形成微泡，微泡成长为气泡后，一部分气泡会消失，另外一部分气泡继续长大，然后被压缩，当泡内压强到达一定程度时气泡破灭，这就是空化作用。超声条件下铟的浸出效率提高的原因：① 在酸溶液和氧化铟锡玻璃接触面空化气泡产生和破灭时在一个微小的区域内的温度瞬时升高，在这个微小的环境中反应速率快速提升；② 空化气泡破灭时在溶液和玻璃接触界面产生了诸如氢自由基和羟基自由基之类的自由基团，促进了反应的进行；③ 空化气泡在破灭时突然间产生的巨大冲击力，使得酸溶液在氧化铟锡镀膜表面发生定向腐蚀。例如，在 60 ℃温度下，在 18 mol/L 的硫酸溶液中，通过增加超声波处理，3～4 min 即可将铟完全浸出。

在浸出用酸的选择方面，硝酸和盐酸混合生成的"王水"（NOCl）具有非常强的氧化能力，因此王水对氧化铟锡玻璃中的所有元素溶解能力都非常强，这会增加后续除杂工作的难度；大多数金属在硝酸中溶解性好，硝酸的组成元素氢、氮和氧同时也是空气的组成元素，不会对检测仪器造成新的非金属元素干扰，且在超声的辅助作用下，硝酸浸出时铟浸出率从常温和加热时的 65%提升到 96%（以王水为参照）；与盐酸相比硝酸的强氧化可以防止 Sn^{4+}还原成 Sn^{2+}，可以降低铟锡分离的难度。

浸出酸的浓度对铟的浸出率影响很大，硝酸溶液浓度 4 mol/L 时铟浸出率比硝酸溶液浓度 2 mol/L 时铟浸出率提高约 28%，而硝酸溶液浓度在 6 mol/L 以上时，铟浸出率变化不大，这是因为氧化铟锡镀膜只有极薄的一层，当硝酸溶液浓度达到 6 mol/L 以上时，其中参与反应的 H^+是绝对过量的。杂质元素的浸出率也是随着酸浸液浓度增加而提高，硝酸溶液浓度在 6 mol/L 以下时杂质浸出率较低，Al、Zn、Fe 这四种元素随着硝酸浓度增加浸出率增加得比较明显，而 Cu、P、As、Cd 由于含量很低，因此在不同浓度浸出液中浸出率变化并不明显。因此，硝酸溶液浓度为 6 mol/L 时，能够获得较高的铟浸出率以及较低的杂质浸出率。

在超声辅助作用下，当固液比低于 1:6 时，酸浸过程中氧化铟锡玻璃在酸溶液中剧烈晃动，会有部分产品暴露在溶液外，从而降低铟的浸出率。而当固液比达到 1:6 时，整个反应过程中可以保证氧化铟锡玻璃完全浸没在溶液中，继续增加固液比到大于 1:6 时，酸液处于过量状态，铟浸出率上升幅度基本达到饱和。同时，Al、Zn、Fe 这些元素浸出率提高幅度却很明显，固液比选择 1:6 较为适宜。

反应时间也是影响铟浸出率的重要因素。反应时间小于 10 min 时，由于空化气泡对氧化铟锡镀膜的热力学和动力学作用才刚刚开始，所以铟的浸出率只有反应完全时的 1/3。当反应时间大于 10 min 后，空化气泡作用产生的高温、高压和自由基使得反应速率得到了极大的提高。反应时间超过 25 min 虽然铟浸出率随着时间的加长还有增加，但上升幅度趋于饱和，同时 Al、Zn、Fe 这些元素浸出率提高幅度却明显增加，因此选择 25 min 作为反应时间较为合适。

酸浸法反应时间较短，易操作，对设备要求不高且浸出效率高。但是基板中除了玻璃和氧化铟锡还有一些辅助材料，这些材料中的一些元素，如 Al、Si 等也会和 In、Sn 一起在酸液中浸出，不利于后续铟的提纯。

2）沉淀法

沉淀法是根据金属离子氢氧化物在水溶液中溶度积的差别，通过调节溶液的pH 值分步沉淀铟和其他杂质离子。在对废氧化铟锡玻璃进行酸浸处理时，除了目标金属元素 In 进入了酸浸液，Sn、Al、Si、Zn、K、Na 等杂质元素也一起进入到溶液中。利用不同金属离子的溶度积差异，采用氢氧化钠沉淀法使铟离子形成 $In(OH)_3$ 沉淀进行富集，而其余杂质离子则留在溶液中，随后将沉淀用酸溶解再用锌粉置换得到海绵铟作为电解提纯的原料。

铟的沉淀 pH ≈ 5.5 溶液，当调节溶液 pH = 5.5 时，Cu、Zn、Pb、Mg、Ca、Ba 等杂质元素还完全保留在溶液中，跟滤液一起与 $In(OH)_3$ 沉淀分离。但是，上述杂质元素中一部分仍会与 $In(OH)_3$ 形成共沉淀，尤其是 Zn 元素，这是因为 $In(OH)_3$ 沉淀是一种胶体沉淀，比表面积大，吸附能力强，有利于形成微量杂质组分的共沉淀。为了减少共沉淀的影响，可以通过对沉淀进行多次洗涤来减少表面吸附的杂质。

采用 H_2O_2 和稀硫酸对氧化铟锡玻璃进行浸时，用 NaOH 调节浸出液 pH = 2.9～4.6 对铟进行沉淀，In 以 $In(OH)_3$ 形式沉淀，回收率约为 95%。

3）溶剂萃取法

溶剂萃取是利用物质在水相和有机相中的溶解度差异，达到目标物质在其中一相中富集的效果。溶剂萃取是矿石冶炼中纯化铟的常用方法，溶剂萃取也是从废氧化铟锡靶材以及刻蚀废料中提取铟最常用的方法。常用的萃取剂有羧酸、有机磷酸酯类、螯合物等，二—2—乙基己基磷酸具有高的铟负载能力和良好的选择性，因而是最受欢迎的萃取剂。将铟的 H_2SO_4 浸出液用二—2—乙基己基磷酸萃取、HCl 反萃取。O/A 为 1:5 时，铟可以在 5 min 内通过 30% 的二—2—乙基己基磷酸从其 H_2SO_4 溶液中选择性萃取出来；然后，在 A/O 为 1:5 时由 4 mol/L 的 HCl 溶液从二—2—乙基己基磷酸中完全反萃取；最后萃取效率可达到 97% 以上。用体积比 5:5 的 P_2O_4 与磺化煤油对氧化铟锡玻璃浸出液进行萃取，浸出液 pH = 2.0，相比 O/A 为 1:3，萃取时间 4 min 时铟的萃取效果最好。再用 4 mol/L 浓度的 HCl 溶液对萃取液进行反萃，反萃率也可达到 97% 以上。

4）置换法

根据反应热力学原理，活泼性较强的金属可以从溶液中将活泼性较弱的金属还原出来，得到金属单质。例如，根据酸浸液 Sn 的活泼性比 In 弱的特点，首先加入一定量的锌粉除去 Sn；然后在滤液中继续用 Zn 粉置换 In。

沉淀法得到的 $In(OH)_3$ 沉淀中主要杂质是共沉淀的锌，为了不引入新的杂质，通常采用锌粉作为置换剂置换铟。将经过多次洗涤的 $In(OH)_3$ 沉淀溶解在盐酸中，用锌粉置换得到海绵铟。通常锌粉加入量越多铟回收率越高，但实际上锌粉加入过多，没有参加反应的锌粉会掺杂在海绵铟中。一般锌粉加入量比理论值多 2% 较为适宜，既可以充分回收铟也不至于在海绵铟中混入较多的杂质锌。通常，经过常温下 24 h 反应，可以使溶液中的铟充分置换出来。

5）离子交换树脂分离法

离子交换树脂化学性质稳定，具有较长的使用寿命，与金属离子结合力强、选择性好且具有再生能力。在室温下，pH=3 的酸性环境中 24 h 内，首先用 5% 质量百分比浓度的 Amberlite IRC748 树脂从酸浸母液中提取 100% 的铟；然后在室温下，用 2 mol/L H_2SO_4 溶液，固液比为 40% 质量百分比浓度时，从树脂中将铟脱附。

离子交换树脂分离法容量大、反应时间短，在常温下即可进行；但是树脂的再生过程比较复杂，再生过程中还会产生一定的污染。

6）膜分离法

膜分离法是利用膜的选择透过性，将指定的金属离子在膜的左右进行定向迁移，最终实现将目标物分离出来的方法，这种方法选择性高，而且具有传质速度快、条件温和等优点。例如，使用液膜法，利用二磷酸作为载体，最后分离获得铟。

7）氯化分离法

在热解过程后，将热解残渣和 NH_4Cl 放入由真空炉、石英管反应器、真空泵和温度控制器构成的真空氯化设备中。在一定温度下 NH_4Cl 分解产生的气态 HCl 与 In_2O_3 和 SnO_2 反应，从设备的冷凝区刮下并收集真空氯化的冷凝物。在温度 600 ℃，NH_4Cl 和氧化铟锡玻璃的质量比 5:10，压力 500 Pa，反应时间 40 min 的条件下，铟的回收率约为 97%。最后，通过加入锌进行置换反应制备海绵铟。

8）真空还原法

In_2O_3 中的铟离子在高温条件可以还原为金属单质铟，常用还原剂有活性炭和氢气。氧化铟锡玻璃除了含有 In_2O_3 外，还含有 SnO_2，它也会发生还原反应。

在 950 ℃ 时，锡的蒸汽压力（0.002 Pa）远低于铟的蒸汽压力（1 Pa）。因此，由于锡的低饱和蒸汽压，锡的回收率非常低，降低了锡对铟的影响。通过真空碳还原 In_2O_3 回收铟的方法步骤：将酸浸过程得到的浸出物和碳粉在石英舟中以一定的质量比充分混合，然后将石英舟放入石英管中，将石英管放入炉内加热区域，在 N_2 气氛中加热至 950 ℃。系统达到温度后，用真空泵抽真空至 1 Pa，维持一定的反应时间。工艺参数为：工作温度 950 ℃、系统工作压力 1 Pa、碳添加量约为 30%（质量分数）、反应时间 30 min，铟回收率可达约 90%（质量分数）。利用这样的工艺，氧化铟锡玻璃可以直接还原得到金属铟，具有步骤简捷、回收率高等优点。

3. 偏光片、液晶回收处理

高温热解工艺可以将高分子有机化合物在高温条件下分解为小分子化合物，是目前有效进行有机物资源化的重要方法之一。分离的偏光片用固定床热解，在 350～550 ℃ 的反应温度下得到产物。液体产物主要含有酸、酯和芳烃等化合物及其衍生物，这些产物具有较高的利用价值，加氢升级处理后可以作为化工原料。气态产物主要由 H_2、CO、CO_2 和 CH_4 组成，可用作有价值的燃料。用水热技术处理偏光片，可以在 300 ℃ 时，加入 0.2 mL H_2O_2，反应 5 mim，有机物的转化率约为 71%，有机酸主要为乙酸，产率约为 7%。如果不向系统中加入 H_2O_2 时，乳酸和乙酸的产率几乎相等，约为 4%，不需要将它们单独分离出来，可以直接酯化形成乳酸乙酯溶剂。

利用有机物的相似相溶原理，用丙酮浸泡液晶，使液晶溶解到丙酮溶液中。再利用丙酮和液晶沸点不同，将浸泡过液晶的丙酮加热，蒸馏丙酮溶液冷凝分离出液晶溶液，回收利用丙酮溶剂，液晶进行再处理。

■ 第四节 退役报废电子设备电池回收处理技术

具备能量储存功能的电池广泛应用于各种便携式电子设备中。电池的品种种类比较繁杂，按照是否能够充电，电池被分为一次性电池（不能充电）和二次型电池（可充电）；按照化学成分，电池可分为锌碳电池、碱性电池、锂一次电池、锂离子电池、铅酸电池、镍镉电池、镍氢电池、氧化银电池（一般为纽扣电池）和太阳能电池等。目前，各类电子设备中用量最大的主要是锌锰电池（包括锌碳电池和碱性电池）、锂离子电池，锌锰电池广泛用于便携式仪器、各种遥控器等，锂离子电池广泛应用于手机、计算机、平板计算机等。

电池给电子设备的普及与应用带来便利的同时，它的废弃物所含的有害物质一直威胁着人类健康和生态环境。主要表现为：① 由于废旧电池长期的磨损和外壳锈蚀，电池中含有强腐蚀性的酸、碱电解质溶液以及具有毒性的六氟磷酸锂电解质溶液将泄漏，存在严重的环境污染风险；② 电池中含有的锰、锌、汞、镉、铝、铜、钴等重金属如果直接排入环境，造成环境中的有害重金属元素含量越来越高。重金属在环境中随着大气、水、土壤不断迁移，或转化为毒性更强的化合物，从而进入生态系统经食物链放大后富集在高等生物体内，危害生态系统，甚至人在内的各种生命体的健康和生存。

中国已成为世界上最大的电池生产商和消费市场。据中国化学电源与物理电源行业协会提供的数字显示，各种型号电池的生产量和消费量在直线飙升，巨大的电池消费带来了数目惊人的废旧电池。近年来，电池的产量不断增加，据估计，中国锂离子电池和一次性电池产量的市值为 800 亿～1 000 亿元人民币。研究表明，废旧碱性锌锰电池平均含铁约 4.6%，含 MnO_2 约 10.5%，含锌约 5.1%；锂离子手机电池中平均含钴 12%～20%，锂 1.2%～1.8%，铜 8%～10%，铝 4%～8%，壳体合金 30%。尽管我国锰矿资源储量十分丰富，但具有贫、薄、杂、细等特点，使得我国 1/2 以上的资源需求依赖国外进口，对我国经济发展构成潜在威胁。自然界锌资源很丰富，但并不存在单一的锌金属矿床，通常锌同金属铅、铜和金以共生矿的形式存在，锌纯度较低。钴、锂等作为锂离子电池的主要原材料，在自然界中蕴藏很少，主要伴生在铜镍矿床中。例如，每年我国对钴的需求量为 600～800 t，因不能满足市场需要，其中有 360～640 t 以上需要进口，而一个重约 40 g 的锂离子手机电池，含钴约为 6 g，每年按废旧 1 亿只手机电池计算，即可回收钴大约 600 t，价值 2 亿元左右。废旧锂离子手机电池中的钴含量比钴精矿含量还高。正确地对废旧碱性锌锰电池和废旧锂离子电池进行无害化和资源化处理，不仅可以减轻我国稀有金属自然资源短缺的压力，还可以消除废旧电池对环境和人类健康构成的威胁。

一、锂离子电池回收处理技术

锂离子（Li^+）电池的外形主要有纽扣形、圆柱形、方形和软包装等，以适应不同设备的应用需要。一般锂离子电池的组成主要包括正极、负极、隔膜和电解液四大类，辅助部分包括极耳、外壳和引线等。正极材料一般为电势较高的含锂过渡金属氧化物，是锂离子电池的锂源，涂布在铝箔集流体上；负极材料则通常选择电势尽可能低的可逆脱嵌锂物质，以石墨碳材料为主，涂布在铜箔集流体上；电解液由锂盐电解质和有机溶剂组成，锂盐一般为 $LiPF_6$ 或 $LiClO_4$，有机溶剂包括碳酸乙烯酯（EC）、碳酸二甲酯（DMC）和碳酸二乙酯（DEC）等；隔膜材料为聚烯烃系树脂，包括单层和多层的聚丙烯（PP）或聚乙烯（PE）膜。锂离子电池的工作原理是通过锂离子在正负极材料中可逆的嵌入/脱出和同时发生的电子得失来实现充放电过程。以锂离子电池最经典的 $LiCoO_2/C$ 体系为例，充电时，外界所施电压使锂离子从正极 $LiCoO_2$ 的八面体位置中脱出，同时正极失去一个电子，Co^{3+} 被氧化成 Co^{4+}，锂离子经过电解液和隔膜后，嵌入到负极碳层晶格中，电子由正极流向负极，在充电结束时正极表现为贫锂态，负极为富锂态；放电时，锂离子从负极中脱出，经过电解液和隔膜，嵌入到正极材料 $LiCoO_2$ 的八面体位置中，同时电子也经由外电路从负极流向正极做功，Co^{4+} 被还原成 Co^{3+}，放电结束时正极为富锂态，负极为贫锂态。

在实际工程应用中，废旧锂离子电池回收技术主要分为火法和湿法两大类。回收处理的流程主要包括预处理、分离处理、回收处理、除杂和再利用过程组成。

（一）预处理方法

在对废旧锂离子电池拆解分离之前，基于安全需要，一般要先进行放电预处理，常用的方法是将废旧锂离子电池置于盐溶液中，如 NaCl 或 Na_2SO_4 溶液中，通过电解将电池的残余电量放完，一般以电压放至 2～2.5 V 以下为止。

（二）物理法

物理处理的目的在于初步降低废旧锂离子电池的体积，把电池的各部分分开，去除不回收的组分，为后续的化学处理富集有价值金属组分，消除废旧锂离子电池对环境的危害。不同的物理处理方法是基于废旧电池组分的不同物理特性分类，包括熔点、密度、磁性和溶解度等，主要的方法包括机械分离、火法和有机溶剂法等。

1. 机械分离

机械分离的目的在于去掉废旧锂离子电池的外壳和包装，大幅减小废旧锂离子电池的体积，富集将要处理的活性材料。主要方法包括机械破碎和筛分等。破碎可分为湿法和干法两种，破碎后的颗粒尺寸和分离程度对后续化学处理有重要的影响。湿法破碎容易将所有组分破碎成细小颗粒并混在一起，使得后续分离较难并损失大量活性材料；相比之下，干法破碎能够实现不同组分的特性分离，将活性材料与铝箔有效分开，利于后续的化学处理。筛分过程可以通过不同筛子的目数大小，将不同尺寸的物质分开，而不同尺寸的物质一般代表着不同组分，进而将不同的活性物质分开。

2. 火法

火法主要是通过高温处理，将电池组分中的黏结剂和碳材料等烧掉，进而将活性物质分离出来的方法。研究发现 PVDF 黏结剂的热分解温度大约开始于 350 ℃，而导电碳一般在 600 ℃以上开始分解。火法工艺的优点在于简单易操作，但其能耗较大，产生的气体易引起大气污染，需要进一步安装处理污染气体的装置，成本较高。

用真空热解的方法可以提高活性物质和集流体的分离效果。在 450 ℃真空热解后，活性材料和集流体分离不明显；而当温度升高到 600 ℃时，活性材料可以很容易地从铝箔上剥落下来；当温度再次升高到 700 ℃时，铝箔开始变得很脆，活性物质和铝箔混在一起无法有效分开，因此真空热解温度设为 600 ℃比较适宜。

机械处理后的电极材料置于马弗炉中，首先在 100～150 ℃下热处理 1 h；然后在磨碎机中将材料拆解和筛分；最后将活性物质于 500～900 ℃下热处理 0.5～2 h，可以去除碳和黏结剂。

3. 有机溶剂法

分离活性物质与集流体的另一个方法是利用有机溶剂法去除 PVDF 黏结剂，

因 PVDF 黏结剂是一种极性有机聚合物，因此根据"相似相溶"的原理，可以采用同样具有极性的有机溶剂来溶解 PVDF，进而将活性物质与集流体分开。常用的有机溶剂包括 NMP 和 DMF 等。在溶解过程中，采用超声波清洗的方法，利用超声波产生的空化效应，来提高活性物质和集流体分离的效率。用离子液体来溶解 PVDF 黏结剂以分离活性物质，结果表明在 180 ℃，300 r/min 的转速下反应 25 min 后，活性物质的剥离率高达 99%。有机溶剂法可有效分离 $LiCoO_2$ 和 Al，但成本较高，且 NMP 等有机溶剂具有较强的毒性，对人体健康有潜在的危害。

（三）化学法

化学法处理主要包括酸浸和分离净化两大部分。首先酸浸是使用酸性溶液将活性材料溶解成液体状态，后续的分离净化即采用沉淀法、萃取法和电化学法等将溶液中的金属离子分离出来，进而重新利用。

1. 酸浸溶解

酸浸是废旧锂离子电池湿法处理中必不可少的一步，也是处理其他种类电池常用的方法。不同浸取剂浸取 $LiCoO_2$ 的效果是不同的，例如 H_2SO_3、NH_4OH、HCl 和 HCl 中，HCl 的浸取效果最好，通常 4 M（摩尔质量）的 HCl 在 80 ℃ 下反应 1 h 后，钴的浸取率可高达 99%。但因盐酸反应会产生氯气污染大气，这就限制了采用具有很强的酸性和还原性的盐酸的酸浸法。目前主要用 H_2SO_4 和 HNO_3 等无机强酸处理废旧锂离子电池，配合使用 H_2O_2、葡萄糖和硫代硫酸钠等作为还原剂，促进 Co^{3+} 转化为易溶的 Co^{2+}。在酸浸过程中，对金属离子浸取率的影响因素主要有反应温度、时间、酸的浓度、固液比和还原剂含量等，恰当地选择反应条件，锂和钴的浸取率可以保持在 90% 以上。但是无机强酸在酸浸后，仍会产生有害气体和强酸性的废液，不易处理，同时无机强酸具有很强的腐蚀性，容易产生酸雾，对人体健康存在较大的危害。用天然有机酸浸取 $LiCoO_2$，处理后的废液易生物降解，同时不产生有毒有害气体，整个过程具有良好的环境友好性。因此，用有机酸代替无机酸处理废旧电池技术，是下一步发展的方向。

柠檬酸具有较强的酸性，且本身易生物降解，价格适宜，常用作材料合成的螯合剂，因此采用柠檬酸处理废旧锂离子电池正极材料，得到柠檬酸盐的浸取液，可以为后续合成新的电极材料做准备。使用柠檬酸代替无机强酸作为酸浸溶液，一方面，对废旧锂离子电池正极混合材料（主要包括 $LiCoO_2$、$Li_{1/3}Ni_{1/3}Mn_{1/3}Co_{1/3}O_2$ 和 $LiMn_2O_4$）进行酸浸过程处理，可以在得到较好的浸取率的同时，减少环境污染；另一方面，多种材料的处理可以减少预处理过程的分拣步骤，使得酸浸过程更具有实用性。首先对废旧锂离子电池进行预处理，充分放电避免发生短路和爆炸；然后人工拆解，用 NMP 浸泡使得正极材料与集流体分离，得到的滤渣在马弗炉中煅烧，去除碳和 PVDF 黏结剂等杂质，煅烧后颗粒变得分散，颗粒变小而且均匀；最后将正极材料充分研磨，得到更细的颗粒进行后续酸浸处理。影响浸取率的主要因素为反应时间、反应温度、柠檬酸浓度、固液比和双氧水量。随着反应时间的增加，浸取率呈现上升趋势，但是其影响相当小；反应温度对浸取率的影响最大，随着温度升高，浸取率明显提升；在一定的浓度范围内，各种离子的浸取率随着柠檬酸浓度的增大而增加，到达某一个值之后，继续增大柠檬酸的浓度，浸取率开始减小；随着固液比的变大浸取率而逐渐变小，在 20 g/L 为最大值；随着双氧水体积分数的增加，浸取率先上升，到达最高点后浸取率降低。适宜的酸浸条件为：温度为 90 ℃，反应时间为 60 min，柠檬酸浓度为 0.5 M，双氧水含量为 1.5%（体积分数），固液比为 20 g/L，各种金属离子（锂、镍、钴、和锰）的浸取率均在 95%以上。

2. 溶剂萃取法

溶剂萃取法利用特定的有机溶剂与钴形成配合物，对钴和锂进行分离和回收。常用的萃取剂主要有二（2 乙基己基）磷酸（二－2－乙基己基磷酸），2，4，4－三甲基膦酸（Cyanex272），三辛胺（TOA），二乙基己基酸（DEHPA）和二乙基膦酸单－2－乙基酯（PC－88A）等。一种利用溶剂萃取法回收废旧锂离子电池的工艺是：首先对预处理后的废旧电池进行 16 孔筛筛选，向筛选物中加入 2M 的 H_2SO_4、体积分数为 6%的 H_2O_2，设置反应温度为 60 ℃，搅拌速度为 300 r/min，固液比为 100 g/L，反应时间为 2 h，钴和锂的浸取率分别可达到 98%和 97%；之后向酸浸液中加入 4M 的 NaOH 溶液调整 pH 值至 6.5，加入质量分数为 50%的 $CaCO_3$ 溶液，使溶液中的杂质铁、铜和铝以沉淀的形式析出并过滤去除，然后向滤液中加入皂化率 50%的 0.5 M 的 Cyanex272 溶液对钴进行萃取，反应时间为 30 min，有机相和水溶液中 97%～98%的 Co 可被萃取出来；最后通过向有机相中的钴加入 2M 的 H_2SO_4 进行反萃，使钴以 $CoSO_4$ 溶液的形式进行回收再利用，对钴的回收率可达到 92%以上。

采用萃取法对废旧锂离子电池进行回收具有能耗低、条件温和与分离效果好等优点，回收的金属纯度也较高。但是化学试剂和萃取剂的大量使用会对环境造成一定的负面影响，溶剂萃取物的价格较高，整个过程相对复杂，使得该方法在废旧电池的回收利用方面有一定的局限性。

3. 化学沉淀法

化学沉淀法主要用于处理酸浸溶液，选取合适的沉淀剂和沉淀条件，将金属离子以沉淀的形式分别分离出来，通常和溶剂萃取法联用，先将杂质萃取后再用沉淀法，以减少沉淀中的杂质含量。常用的沉淀剂有碳酸钠（Na_2CO_3）、氢氧化钠（NaOH）和草酸铵（$(NH_4)C_2O_4$）等，一般是将 CO 以氢氧化钴（CoOH）和草酸钴（CoC_2O_4）沉淀的形式分离出来，锂则是以碳酸锂（Li_2CO_3）的形式沉淀出来。沉淀法的优点在于操作简单，分离效果好，对设备要求较低，一般回收率较高。

化学沉淀法回收锂和钴主要过程是，在用硫酸酸浸和除杂后，使用$(NH_4)C_2O_4$与饱和 Na_2CO_3 溶液，依次将钴和锂分别以 CoC_2O_4 沉淀和 Li_2CO_3 沉淀的形式分离出来，钴的回收率可达 98%；因为 Li_2CO_3 的溶解度和温度成反向变化，Li_2CO_3 的沉淀需在 95 ℃的高温下进行，81%的锂可以沉淀为 Li_2CO_3，其纯度可达 99%。

（四）生物法

生物法原理是利用微生物分解产出的酸将体系拆解得到的组分选择性地溶解出来，得到含金属离子的溶液，即利用生物代谢功能实现目标组分与杂质组分的分离，回收有用金属。采用氧化亚铁硫杆菌和氧化硫硫杆菌作为微生物菌种，通过细菌代谢产生的 H_2SO_4 处理废旧钴酸锂材料。主要流程为：把拆解得到的电极材料和菌种接种在室温条件下培养 10～12 天，利用其代谢产生的 H_2SO_4 处理 $LiCoO_2$，在 pH＝1.54、硫作为能源时，锂的浸出率可达 80%；钴需要细菌代谢产生的还原剂 Fe^{2+}，Co^{3+}被氧化成 Co^{2+}，所以在 $FeS_2＋S$ 为能源时，在较高的 pH 值下钴的浸出率最高，达到 90%。

生物法从长远角度看，具有良好的环境友好性，常温常压下操作，耗酸量少，但是存在周期长、菌种不易培养、易受污染，而且浸出液分离困难等缺点，距离成熟应用还有一定的距离。

（五）直接合成新电极材料的再利用

由于金属离子的分离过程比较复杂，因此直接利用浸取液或分离下来的固体活性物质，通过不同的方法，重新再生为新的锂离子电池电极材料，实现整个回收过程的闭路循环，可以最大限度地提高回收物质的经济价值。合成电极材料的方法主要分为火法和湿法两大类，主要包括高温烧结、共沉淀、溶胶－凝胶、水热和电化学法等。

1. 火法

高温烧结法是将预处理得到的活性材料，通过添加化学计量的其他锂化合物，调整材料中金属离子的比例，再直接高温煅烧得到新的电极材料。高温烧结法回收 $LiCoO_2$ 材料的主要流程是，预处理得到的废旧电池正极材料 $LiCoO_2$ 含有少量的杂质 CO_3O_4，加入相应计量的 Li_2CO_3，在 900 ℃高温烧结，得到 $LiCoO_2$ 正极材料，其粒径分布、pH 值和振实密度等参数处于最佳值，其放电容量在 80 周后仍能保持在 150 mAh/g 以上。

该方法的优点是工艺简单；缺点是材料分布容易不均匀而生成杂质，导致得到新的电极材料的电化学活性有所降低。

2. 共沉淀法

目前，共沉淀法是合成三元正极材料最常用的方法，三元材料因其含有多种金属离子，所以金属离子的均匀分布对电化学性能有很大影响，造成了传统的高温烧结法不能满足原子级别的混合和均匀性。以溶液反应为主的共沉淀法可以达到金属离子的原子尺度的混合，合成出性能优异的三元正极材料；同时也由于钴、镍和锰等过渡金属离子的性质相似，不易分离，因此直接将多种离子重新合成电极材料使用，可以避免分离的复杂步骤。常用的沉淀剂有氢氧化物、碳酸盐和草酸盐沉淀。使用氢氧化物沉淀法的主要流程是，利用酸浸后的溶液调节各元素比例，调节 pH≈11，在氮气气氛下合成镍、钴和锰的共沉淀前驱体 $Ni_{1/3}Mn_{1/3}Co_{1/3}(OH)_2$，具有较好的粒径分布，再利用化学沉淀法回收出 Li_2CO_3，最后通过 900 ℃高温煅烧合成新的三元正极材料 $LiNi_{1/3}Mn_{1/3}Co_{1/3}O_2$，三元正极材料具有良好的电化学性能，0.1C 首周放电容量为 158 mAh/g，100 周循环后容量保持率仍高于 80%。

该方法的优点是工艺设备简单，有利于工业化生产；溶液态混合可精确控制组分的含量，实现分子/原子级的均匀混合；在沉淀反应过程中，可以通过控制沉淀条件来控制所得前驱体的纯度、颗粒大小、分散性和相组成。缺点是沉淀过程的影响因素较多，容易产生杂质共沉淀。

3. 溶胶-凝胶法

溶胶-凝胶法也是一种常用的合成电极材料的方法，该方法一般采用无机盐或有机盐作为母体，加入适量螯合剂使使之发生水解、聚合、成核和生长等过程形成溶胶，蒸发后得到凝胶，最后经过煅烧得到产品。例如，酸浸过程采用 HNO_3 和 H_2O_2 体系，酸浸后向含有锂和钴的酸浸溶液中加入 $LiNO_3$，调节锂和钴的比例为 1:1，再加入一定量的柠檬酸螯合剂，混合均匀后蒸发至凝胶态，最后在 950 ℃高温煅烧 24 h，得到新的 $LiCoO_2$ 正极材料。

针对柠檬酸浸取混合正极材料得到的酸浸溶液，由于浸取液中的镍、钴和锰性质相近，使得分离提纯较为困难；而利用浸取液直接合成电极材料可以避免多种金属离子的分离，同时柠檬酸的浸取液中已含有溶胶-凝胶法所需的螯合剂，因此采用溶胶-凝胶法，后续合成中只需加入一定量的盐调节比例，即可方便地重新合成新的正极材料 $LiNi_{1/3}Mn_{1/3}Co_{1/3}O_2$。

选择最优酸浸条件下的柠檬酸浸出液，测定其中 Li^+、Mn^{2+}、Co^{2+} 和 Ni^{2+} 四种离子的浓度，柠檬酸相对金属离子是过量的，基于 Co 的含量和柠檬酸与过渡金属离子摩尔比为 1:1，以少加钴盐为基准，加入 Li、Co、Ni 和 Mn 的乙酸盐调节 Mn^{2+}、Co^{2+} 和 Ni^{2+} 的摩尔比为 1:1:1，Li^+ 的含量过量 5%。均匀混合后，用氨水调节 pH=7，温度设定在 80 ℃，在搅拌器中搅拌加快蒸发，逐渐成为凝胶后，放入 80 ℃的干燥箱中烘干 24 h。然后在 450 ℃下预烧结 5 h，研磨得到较细的颗粒，再在 900 ℃下烧结 12 h，最后研磨均匀得到三元正极材料 $LiNi_{1/3}Mn_{1/3}Co_{1/3}O_2$。

由于浸取液中含有一定量的铝，主要来自处理的废旧电池正极材料中的铝掺杂和 Al_3O_2 包覆，在溶胶-凝胶合成过程中铝掺杂进正极材料中，而微量的铝掺杂可以提高材料的结构稳定性，进而提高材料的电化学性能。针对铝离子的含量，若浸取液中的铝含量较高,可以通过化学沉淀法,加入碱溶液调节 pH 值至 5～6,可以使铝离子生成 $Al(OH)_3$ 沉淀去除,铝离子完全沉淀的 pH = 5.4,此时铝离子在溶液中的浓度为 10^{-5} M,即可以通过调节 pH 值控制浸取液中铝的含量,达到对正极材料改性的目的。由于微量铝离子的掺杂,再生材料和氧的结合能更强,材料结构更稳定,增大了锂离子脱嵌的通道,使得再生材料具有比合成材料更好的放电容量、循环性能和倍率性能,在 0.2C 循环 160 周后可逆容量保持在约 141 mAh/g,容量保持率可达约 94%,1C 倍率下经过 300 周的长循环后,可逆放电容量稳定在 113 mAh/g,容量保持率为 75%。

溶胶－凝胶法可以实现各组分原子级的均匀混合,热处理过程的温度低,时间短,得到的产品有良好的均匀性和纯度;缺点是过程控制比较复杂,大规模工业应用实现比较困难。

二、碱性锌锰电池回收处理技术

电子设备中用量最大的锌锰电池主要包括锌碳电池和碱性电池,但从目前的发展趋势看,碱性电池产量不断增长,锌碳电池产量则逐步降低。因此,碱性锌锰电池的回收处理将逐渐成为今后面临的主要问题。

(一)碱性锌锰电池工作原理

碱性锌锰电池是以氢氧化钾水溶液等碱性物质作为电解质的锌锰电池,以二氧化锰(MnO_2)作为正极活性物质,与导电石墨粉等材料混合后压成环状;以锌粉作负极活性物质,与电解液和凝胶剂混合制成膏状;正、负极间用专用隔离纸隔开。而中性锌锰电池结构相反,采用反极式结构制成电池。

(二)碱性锌锰电池湿法冶金处理技术

废旧碱性锌锰电池处理技术主要有火法冶金技术、湿法冶金技术和生物冶金技术。火法冶金技术是在高温条件下从废旧碱性锌锰电池材料中提取或分离有色金属的过程,其主要是根据各组分熔点、蒸汽压的不同,通过加热将有关组分分离的方法。在此过程中往往需要提供较高的能量来维持较高的温度,常常伴有大量气体排放,尽管处理工艺相对简单,但是能耗较高,电解质溶液和电极中某些成分燃烧容易引起大气污染,目前很少采用。湿法冶金技术是以酸、碱或有机溶剂将废旧碱性锌锰电池中的有价值成分浸出后，再通过相应的物理化学方法加以回收。湿法冶金技术的特点是金属回收效率高，但也存在工艺复杂、设备腐蚀严重等缺点。生物冶金技术在前述废旧锂离子电池回收处理技术中已经进行了叙述，尽管处理技术投入成本低、处理效率高、易于工业化生产，但存在的细菌筛选困难、环境适用性差、处理周期长等问题，也成为目前限制其工业化应用的主要因素。因此，湿法冶金技术仍是在处理废旧碱性锌锰电池中广泛采用的技术。

废旧电池碱性锌锰的湿法回收过程基于电池中的锌、二氧化锰等物质可溶于酸的原理，使废旧电池与酸作用生成含锌锰的盐溶液，从而回收锌和锰。常用的浸取剂主要包括 H_2SO_4 和 HNO_3，通常配合使用 H_2O_2。较少使用盐酸的原因是避免处理过程产生的氯气污染大气。以下主要以 HNO_3/H_2O_2 为浸取液，说明处理技术过程。

废旧碱性锌锰电池（如南孚碱性电池 LR6，1.5 V），剥去电池外包装，并用钢锯锯开电池外壳，将电池拆分为外壳、负极集电体、正极材料和负极材料。将除去包装和负极集电体后的电池材料溶解于 HNO_3/H_2O_2 溶液中，溶解过程中采用机械搅拌，待反应结束或达到顶定时间后进行过滤，抽取反应溶液。酸浸过程中，电池材料溶解率的影响因素主要是 HNO_3 浓度、液固比、H_2O_2 浓度、反应温度和反应时间等，各因素的具体影响如下。

1. HNO_3 浓度对废旧碱性锌锰电池材料溶解率的影响

随着 HNO_3 浓度增加，废旧碱性锌锰电池材料溶解率增大。当 HNO_3 浓度达到 6 mol/L 时，溶解率最大为 49.3%。如果再增加 HNO_3 浓度，HNO_3 过度挥发，造成处理成本增加。因此，HNO_3 溶解废旧碱性锌锰电池材料的最佳浓度为 6 mol/L。

2. 液固比对废旧碱性锌锰电池材料溶解率的影响

设定 HNO_3 浓度为 6 mol/L 时，随着液固比增加，废旧碱性锌锰电池材料溶解率明显增大。当液固比增至 13.6 时，溶解率增至最高 53.4%，之后溶解率不再增加而趋于稳定。因此，用 HNO_3 溶解废旧碱性锌锰电池材料时，适宜的液固比为 13.6。

3. 反应温度对废旧碱性锌锰电池材料溶解率的影响

设定 HNO_3 浓度为 6 mol/L、液固比为 13.6 时，废旧碱性锌锰电池材料溶解率随着反应温度增加，整体呈现先增加后减小的趋势。当反应温度约为 60 ℃ 时，废旧碱性锌锰电池材料溶解率达到最高约为 57.9%。当温度继续增加，导致 HNO_3 过度挥发，致使 HNO_3 浓度反而降低，废旧碱性锌锰电池材料溶解率下降。

4. H_2O_2 浓度对废旧碱性锌锰电池材料溶解率的影响

在碱性锌锰电池正极材料中，其主要成分为 MnO_2，当有 H_2O_2 存在时，H_2O_2 与 MnO_2 和 H^+ 发生反应，生成 Mn^{2+} 离子，可以促使溶解率迅速增大。设定 HNO_3 浓度、液固比和反应温度分别为 6 mol/L、11.6 和 60 ℃ 时，随着 H_2O_2 浓度增加，废旧碱性锌锰电池材料溶解率不断增加；当 H_2O_2 浓度为 2.5% 时，废旧碱性锌锰电池材料溶解率达到最大值约为 88.9%；再增加 H_2O_2 浓度，其溶解率几乎趋于稳定，从而实现废旧碱性锌锰电池材料的最大溶解率。

5. 反应时间对废旧碱性锌锰电池材料溶解率的影响

设定 HNO_3 浓度、液固比、反应温度和 H_2O_2 浓度分别为 6 mol/L、11.6、60 ℃ 和 2.5% 时，随着反应时间增加，废旧碱性锌锰电池材料溶解率逐渐增加。当反应时间为 25 min 时，溶解率具有最大值为 92%。再继续增加反应时间，废旧碱性锌锰电池材料溶解率趋于稳定。主要是由于 H_2O_2 存在条件下，HNO_3 和废旧碱性锌锰电池材料反应快速完成，25 min 以后反应基本停止。

6. 适宜反应条件

各因素的影响程度的大小依次为液固比、H_2O_2 浓度、HNO_3 浓度和反应温度，反应时间因素的影响相对次要。适宜反应条件为 HNO_3 浓度 6 mol/L、液固比 13.6、双氧水浓度 2.5%、反应温度 60 ℃、反应时间 25 min，pH＝8。该反应条件下，溶解液中含 Mn^{2+} 为 31 mg/mL、Fe^{3+} 为 15 mg/mL、Zn^{2+} 为 25 mg/mL。

（三）碱性锌锰电池二次资源化利用技术

性能优良的锰锌铁氧体因具有起始磁导率高、电阻率高、高饱和磁化强度、低损耗等优点，广泛应用于通信、传感以及日常生活的各个领域。目前锰锌铁氧体主要通过高纯原料进行制备，由于高纯原料分离净化工艺比较复杂、能源消耗大，产品成本通常较高。从废旧碱性锌锰电池二次资源化利用来说，采用干法生产锰锌铁氧体工艺，由于原料混合均匀性差、烧结温度高，产品性能稳定性较差；采用以共沉淀法为主的湿法锰锌铁氧体生产工艺，存在粉体易于团聚的缺点。采用溶胶–凝胶自蔓延燃烧与微波辅助加热相结合的锰锌铁氧体制备方法，是之后发展起来的合成纳米材料的新方法，由于该方法可以较好地解决干法和湿法锰锌铁氧体生产工艺带来的问题，使其在废旧碱性锌锰电池二次资源化利用和避免严重的环境污染方面具有明显技术的优势。

1. 溶胶–凝胶自蔓延燃烧与微波辅助加热相结合的锰锌铁氧体制备技术优势

溶胶–凝胶自蔓延燃烧与微波辅助加热相结合的方法，利用硝酸盐和络合剂反应，生成干凝胶后自发燃烧，快速合成材料初级粉末，物料混合均匀，高度分散，原子只经过简单的扩散和重排，迅速到达晶格位点，无论是前驱体的分解还是目标产物的生成，相对于干法来说，均在低温状态，致使最终所得产物颗粒粒度小，且颗粒分布均匀。采用微波辅助加热法对产品进行加热，一方面在微波的作用下，极性分子通过偶极矩的变化和离子迁移的作用发生分子方向的改变，导致在碰撞过程中，制备得到的锰锌铁氧体分散性更好，粒度更均匀，饱和磁化强度更大；另一方面，微波辅助加热可以在密闭空间内迅速形成高温高压环境，过程加热快，升温温度高，大大缩短了过程所需要的能量。

该方法以 HNO_3/H_2O_2 为浸取液，按照前述反应条件获得的含 Mn^{2+}、Fe^{3+}、Zn^{2+} 废旧碱性锌锰电池溶解液，辅以柠檬酸为凝胶剂，直接制备具有尖晶石结构的锰锌铁氧体。因为干凝胶具有自蔓延燃烧的特性，燃烧过程中，硝酸根为氧化剂、柠檬酸为还原剂，因此自蔓延燃烧的实质是在热诱导下，在硝酸根和柠檬酸之间发生了氧化还原反应，目标产物为锰锌铁氧体磁性材料（$Mn_{0.6}Zn_{0.4}Fe_2O_4$）。

2. 溶胶–凝胶自蔓延燃烧与微波辅助加热相结合的锰锌铁氧体制备工艺过程

溶胶–凝胶自蔓延燃烧与微波辅助加热相结合的锰锌铁氧体制备工艺过程主要包括拆解、溶解、过滤、调整金属离子比例、溶胶–凝胶自蔓延燃烧法、锰锌铁氧体前驱体生成和微波消解等环节，制备锰锌铁氧体的工艺流程如图5–14所示。

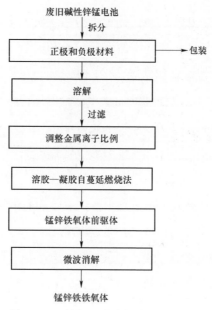

图 5-14　制备锰锌铁氧体的工艺流程

1）拆解

废旧碱性锌锰电池首先要经过一系列的机械处理过程，将含有锰、锌和铁组分的部件与其他部件分离。该处理过程主要包括包装材料的分离、废旧碱性锌锰电池正负极材料的分离、铜棒的去除等过程。

2）溶解、过滤

将拆分的正负极活性物质及外壳溶解在 6 mol/L 浓度 HNO_3（含质量百分比浓度为 2.5% 的 H_2O_2）溶液中，目的是使正负极活性物质和硝酸完全发生反应，生成 $Fe(NO_3)_3$、$Mn(NO_3)_2$、$Zn(NO_3)_2$。过滤，滤液中 Fe^{3+}、Mn^{2+}、Zn^{2+} 的浓度分别约为 32.6 mg/mL，14.7 mg/mL 和 23.2 mg/mL。

3）调整金属离子比例

为了制备锰锌铁氧目标产物，再采用分析纯的 $Fe(NO_3)_3$、$Mn(NO_3)_2$、$Zn(NO_3)_2$，调节溶液中 $Fe^{3+}:Mn^{2+}:Zn^{2+}=1:0.3:0.2$，混合均匀后，再在 50 ℃ 条件下加入柠檬酸，使柠檬酸的量和溶液中金属阳离子的量之比为 1:1，并用氨水调节溶液的 pH=7。

4）溶胶 – 凝胶自蔓延燃烧法

之后，将溶液在 70～80 ℃的恒温水浴中加热蒸发，并不断搅拌，直至完全形成溶胶。将溶胶在 135 ℃条件下干燥 2 h，形成干凝胶，将所得干凝胶点燃，即可进行自蔓延燃烧。

5）锰锌铁氧体前驱体生成

将自蔓延燃烧粉末研磨粉碎即为锰锌铁氧体前驱体粉末。

6）微波消解

将锰锌铁氧体前驱体粉末在 120 ℃条件下，微波加热 15 min，可完全转化为锰锌铁氧体晶型，即可获得具有尖晶石结构的锰锌铁氧体材料，其粒径为 30～50 nm。

■ 第五节　退役报废电子设备回收处理过程中产生的有害物质及其处理

退役报废电子设备进行资源化回收处理过程中，不可避免地会产生一些有害物质，对这些有害物质必须要经过相应的处理达到一定的标准才能排入自然界。退役报废电子设备回收处理过程中产生的污染物主要有废气、废液废水、噪声和废渣等。我们必须要分析污染源，确定污染因子，才能确定如何采取强有力的措施去加以控制回收过程的污染物。

根据生产工艺、原料性质、反应原理及数据分析，退役报废电子设备回收处理过程污染源、污染物及合理的处理措施汇总情况如表 5-6 所示。

表 5-6　退役报废电子设备回收处理过程污染源、污染物及合理的处理措施汇总情况

类别	污染源	污染物	拟采取的治理措施	去除效率/%
废气	显像管拆解室 塑料和电子零件拆解 壳体粉碎 贵金属回收熔蚀工艺	荧光粉尘（含稀土重金属） 混合粉尘 氟氯碳化合物 气体（HCL，NO_x）	过滤网吸附过滤 袋式除尘器 活性炭吸附 洗涤塔碱性吸收	99.99 97～99.9 99.5 95～99.9

续表

类别	污染源	污染物	拟采取的治理措施	去除效率/%
废水	塑料分选、贵金属回收 塑料分选、贵金属回收 贵金属回收 贵金属回收 贵金属回收 贵金属回收 贵金属回收	CODcr SS Ph Cu Zn Fe CN⁻	污水处理装置 氰化物废液用电解法 氧解，再排入污水 处理装置	55～88 58～87 99.9 98 98 >99.9
噪声	空压机、粉碎机、裂解设备、破碎机风机等	噪声	使用低噪声设备，同时采用隔声、消声、减振等措施	昼间 60 dB 夜间 55 dB
固液体废物	设备拆解 综合塑料分选 设备拆解 机电设备拆解 显像管拆解	玻璃纤维板 混合废料 废电池 矿物油、润滑油 荧光粉	委托有资质处理部门 有资质单位处置 作为高炉燃料 有资质单位处置 （固化）	零排放

一、废气处理技术

退役报废电子设备回收处理过程中，不可避免地会产生废气，大部分废气呈气态，少部分为颗粒状粉尘。例如，印制电路板等零部件回收处理时会产生 CO_2、HCl、硫酸雾和硝酸雾等无机气体，可以进行吸收法和吸附净化，然后排放。非金属结构件等高分子材料部分主要是树脂和玻璃纤维，在焚烧时会产生二噁英、呋喃等有机物和 CO_2 等无机气体，有机废气的特性各异，采用的处理方法也各不相同，常用的有吸收法、燃烧法、催化法、吸附法等。

（一）吸收法

废气的吸收多采用物理吸收，采用具有与吸收组分高亲和力、且挥发性低的液体吸收剂来溶解废气中的有机成分，吸收液饱和后通过再加热、冷却处理可重新使用。吸收法适用于温度低、中高浓度废气的处理，但净化率不够高，还是会产生一定的二次污染，效果不够理想。

（二）催化燃烧法

废气加热到 $200～300\ ℃$ 后，再经催化床催化燃烧转化成 CO_2 和水，达到净化的目的。此法对于处理有机废气非常有效，起燃温度低、净化率高，工艺简单、操作方便，安全性好，且催化设备体积小，维修折旧费也低。主要适用于处理高温或高浓度的有机废气。

（三）吸附法

吸附法又可以分为简单吸附法、回收吸附法和催化吸附法。

1. 简单吸附法

简单吸附法是利用活性炭对有机物进行吸附，净化率可达95%以上，而且设备简单、投资小，简单吸附法没有设置活性炭的再生系统，需要定期更换活性炭。

2. 回收吸附法

回收吸附法是利用活性炭吸附床吸附废气，待吸附饱和后再进行脱附，脱附气中的有机物浓度大大提高，可进行冷凝回收。脱附多采用循环热风法进行，通过循环风机将气体从吸附床中引出，经冷凝器冷凝、回收后的气体经蒸汽加热器加热，产生的热风循环回流至吸附床对吸附床进行加热脱附。

回收吸附法的特点如下：

（1）有效避免了蒸汽与吸附床内构件的接触，吸附床不会产生腐蚀。

（2）回收液纯度高，无须二次分离就可直接应用于生产中。

（3）没有将空气引入系统内，安全性高。

（4）系统是封闭的，回收效果好。

3. 催化吸附法

催化吸附法采用蜂窝状活性炭，等到吸附饱和后，导入热空气将其加热，使脱附出来的废气进入催化燃烧床进行无焰燃烧净化处理，而热空气在系统中是可以循环使用的。此法综合了吸附法和催化法的优点，废气净化非常彻底，是处理废气比较成熟、实用的方法。

二、废液废水的处理技术

（一）废液的处理技术

废液主要来自材料的回收处理过程，其中所含有的各种重金属、有机物等毒性非常大，不进行处理直接排放会造成土壤及水质的破坏，将会造成动、植物的死亡，甚至饮用者中毒。具体的处理方法因废液种类的不同而不同，分酸碱废液、重金属废液和有机废液法三大类。

1. 酸碱废液

酸性废液是指 pH<6 的废液，除了含有某些酸以外，还有重金属离子及其盐类等有害物质；碱性废液是指 pH>9 的废液，除了含有某些碱以外，还含有大量的有机物和无机盐等有害物质。这类废液对地下管道、船舶等腐蚀性很大。常用中和的方法进行处理。

对酸性废液可向其中投放烧碱或纯碱溶液，降低酸性；可用石灰石、大理石等作为滤料过滤废液，使酸性得到中和。碱性废液可向其中投入酸性废液进行中和处理，可直接省去处理酸性废液的成本，又可使金属离子沉淀下来；也可直接向碱性废液中吹入纯 CO_2，效果非常好，但是成本较高。

2. 重金属废液

重金属废液中的重金属及其化合物毒性非常大，其处理方法分为化学法和物理法。

1）化学法

利用氧化剂或还原剂与废液中的重金属离子发生氧化或还原反应，从而转变成不溶于水的沉淀物，与水分离。常用的氧化剂有空气、臭氧等；常用的还原剂有铁屑、铜屑、硼氢化钠等。

2）物理法

利用活性炭、矿渣等吸附性强的材料来吸附废液中的重金属离子，不改变其化学性质，对废液中的重金属进行浓缩，从而分离出来。

3. 有机废液

退役报废电子设备在回收后处理高分子材料部分时，会产生大量的有机废液，其成分主要有烃类、卤代烃类、醇类、醚类、水溶性高分子化合物及有机金属化合物等。处理方法主要有物理法、化学法以及生物法。

1）物理法

利用活性炭等多孔性固体吸附物来吸附废液中的杂质；可用薄膜来分离废液中的某些物质；也可直接将空气吹入废液中，将水中溶解物由液态变成气态挥发出去，但对含有毒害气体的废液不可用此法。

2）化学法

利用氧化剂去除废液中的有毒物质，主要有臭氧、双氧水、高锰酸钾等。在利用氧化剂法处理过程中辅以超声波或紫外线，会更好地激发出氧化剂的氧化能力，提高局部处理效果。

3）生物法

利用水中的微生物使废液中里溶解的胶状有机物被降解，之后转化成无害的物质从而使废液得到净化。生物法净化技术具有很好的发展空间，因为能耗小、净化度高、二次污染少，而且在净化过程中还可产生有益的有机分子。

（二）废水资源化处理技术

退役报废电子设备回收处理过程和废液处理后还会产生大量的废水，它们通常是不能达到直接排放环保要求的，需要进行进一步的净化处理。在这一领域中，膜分离技术占有重要的位置和作用。膜分离技术是近年来迅速产业化的高效节能分离技术。电渗析、反渗透、微滤、超滤、纳滤、渗透汽化，膜接触和膜反应过程相继发展起来，在环保领域获得广泛的应用，成为单元操作和集成过程中的关键处理技术。

1. 连续膜过滤技术

中空纤维膜由于比表面积大，膜组件的装填密度大，所以设备紧凑。这种膜采用纺织工艺制成，工艺简单，所以生产成本一般低于其他的膜。由于没有支撑层，可以反向清洗，特别是一些耐染性好、对氧化性清洗剂耐受性好的膜的出现，使得在大规模的废水处理中，中空纤维膜的应用有独特的优势。

连续膜过滤技术的核心是高抗污染膜以及与之相配合的膜清洗技术，可以实现对膜的不停机在线清洗，从而做到对料液不间断连续处理，保证设备的连续高效运行。

2. 膜生物反应器

膜生物反应器是膜分离技术和生物技术结合的新工艺，应用在污水废水处理领域，利用膜件进行固液分离，残留的杂质回流至（或保留）生物反应器中，处理的清水透过膜排水，构成了污水废水处理的膜生物反应器系统，膜组件的作用相当于传统污水废水生物处理系统中的二沉池。膜生物反应器中使用的膜有平板膜、管式膜和中空纤维膜，目前主要以中空纤维膜为主。

膜生物反应器技术广泛地用于工业水处理系统中，其主要特点是规模可大可小，处理装置日处理量大到数万立方米、小到数立方米。

3. 反渗透技术

反渗透技术是以压力为驱动力的膜分离技术。该技术是从海水、苦咸水淡化发展而来的，通常称为"淡化技术"。由于反渗透技术具有无相变、组件化、流程简单、操作方便、所占面积小、投资少、耗能低等优点，目前该技术已广泛应用于化工分离、浓缩、提纯，废水资源化等领域。废水资源化有开发增量淡水资源与保护环境双重目的。无机系列废水处理与海水苦咸水淡化采用同类装置，具有较多共性工艺技术。反渗透技术可使废水中的铜、铅、汞、镍、锑、铍、砷、铬、硒、铵、锌等离子脱除90%～99%。

4. 集成膜过程废水深度处理方法

集成膜过程是将超滤/微滤与反渗透（或纳滤）结合使用，形成能够满足各自回用目的的污水废水深度处理工艺。超滤、微滤可以作为独立的高一级处理方法，也是反渗透过程理想的预处理工艺，抗污染能力强、性能优越的超滤、微滤单元代替了复杂的传统处理工艺，而且出水品质远高于三级出水指标，不但可以完全去除污水中的细菌和悬浮物，对COD、BOD也有一定的去除效果。在超滤、微滤之后使用的反渗透膜，其清洗周期由采用传统预处理工艺的3～4周增加到半年以上，膜寿命可延长到达1～6年。膜集成污水再生工艺具有系统稳定、维护少、占地小、化学品用量少、流程简单和运行费用低等优点。

三、废渣处理技术

在退役报废电子设备处理过程以及在处理废气、废液的治理过程中都会产生大量的废渣，如果不进行必要的处理，会给环境带来严重的污染。废渣主要分为无机废渣和有机废渣。

无机废渣主要是一些重金属化合物，如铜化合物、铅化合物、铬化合物等，处理方法比较简单，将废渣提取金属后，用于生产建筑材料或粉碎分离回收等。

有机废渣成分比较复杂而且污染性强，主要有含氮、磷、钾等元素的有机物及一些重金属离子。含氮、磷、钾等元素的有机物是比较好的肥料，用于农业生产，可增强土壤的肥沃程度，但在堆肥前一定要用调理剂和膨胀剂稀释其中的重金属，降低其生物效性，减少其在植物体内的聚集。如果直接将这些有机废渣进行焚烧和热解，可以作为能源利用，或加工成各种复合材料，既做到无害处理，又可实现废物资源化利用。

四、粉尘、酸性气体处理技术

去除粉尘和酸性气体常采用湿式、半干式方法。处理 HCL、HF 和 SO_x 等酸性气体应用中，半数以上的设备采用湿式方法，半干式方法约占 1/3，剩余的为干式方法。在湿式方法中，同时进行粉尘去除和吸收酸性气体的 EDV 方式。

考虑燃烧废气处理过程中产生的残渣处理或者再利用问题，首先将含有高浓度重金属的粉尘用静电除尘器进行预捕集，然后进一步分离来自酸性气体反应中的生成物。静电除尘器由两个电极组成。电极间加上电流电压后，在电极之间产生电场。颗粒污染物随废气经过电场，粒子被离子碰撞并使其带有电荷。带电的粉尘就向集尘极移动，到达极板。这样，空气中污染物就被吸附在极板上，使空气得到净化，尘粒也由于本身的重力落入灰斗。静电除尘器可以捕集一切细微粉粒或液滴，而且处理废气量大，运用温度范围广，因此被广泛应用，但也存在占地面积大和投资大的问题。

半干式方法和干式方法的烟尘去除任务，主要由袋滤器来承担，收集的烟尘不仅有粉尘、其他热反应生成物，还包括未反应尽的消石灰，所以与湿式方法相比残渣量增多。

通过烟尘、酸性气体的去除，汞和二噁英类物质可以去除到一定程度，然而为了满足最新的限制值要求，需要增加附加装置。去除 NO_x 时需要催化剂脱硝塔；去除汞和二噁英类物质时，则需要活性焦炭反应塔或者吹入活性炭的袋滤器。

五、有害重金属处理技术

退役报废电子设备回收处理过程中，还会产生少量的含有害重金属污染物难以直接处理，主要有：铅主要存在于五金类合金中（H62，T2Y2，T2M），用于阻燃剂（十溴联苯醚），阻燃 ABS、PP，接线盒、电路控制板盒、导线外绝缘包皮等；镉（银钎料）用于焊接；汞存在于液晶显示器。

汞、铅、镉等重金属在高温时易挥发，低温时易吸附在微粒子上，可用布袋吸附、活性炭等吸附剂及低温设备实现吸附。汞与绝大多数重金属不同，它以气态存在于废气中，能与气体中的 HCL 结合，几乎全部以氯化物状态存在。汞化合物焙烧法回收处理工艺及有关方法如下：首先把送来的废弃物根据其性状进行适当的预处理，往污泥或液状含汞废弃物中添加碱性药剂，进行混合、中和、造粒作业；然后进入焙烧炉，一经加热到 600～800 ℃汞就变成气态，凝缩后收集，得到一种称为"烟油"的浓缩物，它常作为精制工艺中的金属汞原料（99.99%）来利用。经制冷设施回收汞的气体，要通过药液洗净，然后通过电除尘器等工艺，捕集和除尘之后向大气排放。在系统内产生的工艺水一部分通过蒸发炉进行处理，至于从焙烧炉排出的炉渣等，一定要确认其符合填埋标准之后才能进行填埋处置。

六、氟利昂净化处理技术

在制冷设备氟利昂回收处理过程中，不可避免地存在氟利昂的泄漏，如制冷剂管路接头处、制冷装置冷凝器中空气与氟利昂混合物的排放、制冷装置安全阀的排放等。

有限空间中含有大量的氟利昂气体。一旦氟利昂受热或遇到火花便会分解而释放出盐酸和氢氟酸气体，这两种气体都具有腐蚀性和剧毒。因此，工业和生活区域有限空间内，特别是密闭环境，对氟利昂气体的浓度都有严格的规定。只有采取切实可行，而且净化效率高的氟利昂净化装置才能保证有限空间内部氟利昂气体控制在允许浓度范围之内。清除氟利昂气体的方法很多，在密闭空间内常用高温催化分解法、分子筛吸附法和低温回收法等。

1. 高温催化分解法

高温催化分解吸附法由鼓风机、空气过滤器、一级预热器、二级预热器、电加热器、催化床、空气冷却器、吸附器及其管路组成。污浊空气通过叶轮式鼓风机抽吸，首先进入空气过滤器，然后通过预热器使其温度升高（由动力装置中的废汽加热），再由电加热器进一步加热，温度升高到（400±10）℃。这些加热的污浊空气通过催化床时便发生了分解，大气中的水蒸气和氟利昂结合生成了 HCl、HF（氢氟酸）和 CO_2 气体。这种热酸和气的混合空气先后在预热器和空气冷却器中被冷却，被冷却的混合空气再通过碱石灰罐，酸性气体被碱石灰吸附，得到的清洁空气即可排到密闭空间的空气中。

2. 分子筛吸附法

分子筛吸附法包括吸附和再生两个过程，吸附过程主要是采用能吸附氟利昂气体的 5 Å 和适当比例的 10 Å 沸石分子筛，再生过程是加热分子筛使被吸附的氟利昂气体溢出。

3. 低温回收法

低温回收法基本作用原理是利用氟利昂在相同压力下的冷凝温度比空气高而实现氟利昂与空气分离的目的。

4. 直接排至有限空间外

将有限空间内含有氟利昂的空气，通过压缩机加压后直接排出有限空间或置于专用的容器内。

上述方法各有利弊：分子筛吸附法体积大，且再生过程麻烦又复杂，适合在空气流量较大、氟利昂浓度较低的有限空间内使用；低温回收法虽然技术上可能性大，但是只能用在空气流量较小、氟利昂气体浓度较大的场所。

参考文献

[1] 李跃. 关于贵屿电子废弃物回收处理的案例分析 [D]. 兰州：兰州大学，2010.

[2] 黄建华.《废弃家用电器与电子产品污染防治技术政策》发布 [J]. 中国环保产业，2006，（9）：5–8.

[3] 刘波. 中国废弃电子电器回收技术的应用研究 [D]. 北京：北京工业大学，2011.

[4] 方伟成. 电子废弃物回收处理体系的研究 [D]. 南昌：江西理工大学，2008.

[5] 张砚. 我国电子废弃物回收模式研究 [D]. 上海：华东政法大学，2014.

[6] 郑珊珊. 电子文件销毁研究 [D]. 苏州：苏州大学，2012.

[7] 杜银霞. 安全清除硬盘中残留数据的研究 [D]. 石家庄：河北科技大学，2011.

[8] 王常亮，张春琴，王大伟. 数据恢复技术[J]. 计算机安全，2008（8）：64–66.

[9] 白杨. 基于 Windows 的磁介质数据清除技术的研究与实现 [D]. 武汉：湖北工业大学，2010.

[10] 程玉. 磁介质数据销毁技术的研究 [D]. 成都：电子科技大学，2010.

[11] 郭松辉，王玉龙，邵奇峰，等. 基于关键页覆写的数据清楚技术 [J]. 计算机工程与设计，2015，36（1）：88–92.

[12] 闫国卿. 计算机硬盘和内存存储器的安全销毁与资源化处理 [D]. 上海：

上海交通大学，2013.

[13] 闫国卿，徐振明. 信息存储介质的安全销毁方法及资源化技术 [J]. 材料导报 A，2013，27（2）：12-17.

[14] 祁峰，高琪，何蓬. 固态存储设备和器件的信息消除方法研究 [J]. 保密科学技术，2011.

[15] 郑光. NAND Flash 存储数据逻辑销毁技术研究 [D]. 郑州：信息工程大学，2013.

[16] 高阳. 信息载体实时安全监控与销毁系统的研究 [D]. 南京：南京航空航天大学，2010.

[17] 肖宇宏. 退役电子产品的拆卸与回收 [D]. 广州：广东工业大学，2011.

[18] 郭杰. 破碎—分选废弃电路板中非金属粉的资源化利用研究 [D]. 上海：上海交通大学，2011.

[19] 路洪洲. 破碎废弃印制电路板的高压静电分选 [D]. 上海：上海交通大学，2007.

[20] 黄春洁. 废印刷线路板资源化分离过程研究 [D]. 上海：同济大学，2007.

[21] 李佳. 废旧印刷电路板的破碎和高压静电分离研究 [D]. 上海：上海交通大学，2008.

[22] 徐敏. 废弃印刷线路板的资源化回收技术研究 [D]. 上海：同济大学，2008.

[23] 王九飙，陈龙，周文斌，等. 分步旋流电积法从废弃线路板中综合回收金属的试验研究 [J]. 中国资源综合利用，2019，37（4）：25-27.

[24] 李良春. 报废电路板资源化处理技术研究与设备研制研究报告 [D]. 石家庄：解放军军械技术研究所，2015.

[25] 郭晓娟. 热解技术处理废弃印刷线路板的实验研究 [D]. 天津：天津大学，2008.

[26] 李非凡. 矿浆电解法废旧 CPU 插槽的资源化回收 [D]. 重庆：西南科技大学，2018.

[27] 石开仪，张凌峰，钱育林. 电解法从废弃电路板中提取铜的初步研究[J]. 六盘水师范学院学报，2018，30（6）：40-43.

［28］王晓雅．电子废弃物中贵金属的资源化回收［D］．长沙：中南大学，2012．

［29］徐渠，陈东辉，陈亮，等．电解法从废弃印刷线路板的碘化浸金液中沉积金［J］．中国有色金属学报，2009，19（6）：1130-1135．

［30］杨杰雄，关杰，黄庆，等．电解法从废弃印刷线路板的碘化浸金液中沉积金［J］．上海第二工业大学学报，2015，32（2）：109-113．

［31］冯驿，何亚群，王海锋，等．废旧线路板非金属组分中玻璃纤维的脱除研究［J］．矿产综合利用，2005，（1）：102-105．

［32］石翔，李光明，胥清波，等．废阴极射线管（CRT）玻璃资源化技术的研究进展［J］．材料导报，2011，（11）：129-132．

［33］高志东，冯有利，傅泽刚，等．阴极射线管锥玻璃制备高硅氧玻璃粉末［J］．河南理工大学学报（自然科学版），2019，38（4）：75-81．

［34］王通．废弃 CRT 玻璃在自密实混凝土中的应用研究［D］．哈尔滨：哈尔滨工业大学，2019．

［35］赵新，王鹏程，胡彪，等．废CRT含铅玻璃的资源化新工艺及机理研究［J］．日用电器，2014，（12）：65-70．

［36］付业腾．废CRT含铅玻璃资源化利用中试项目工艺规划研究［D］．天津：天津理工大学，2016．

［37］王向科．以废玻璃为原料的泡沫玻璃的制备及性能探究［D］．天津：天津大学，2016．

［38］李明会．废弃液晶显示屏中液晶的回收与可再利用性研究［D］．合肥：合肥工业大学，2018．

［39］周秀丽．废弃液晶显示器中铟的生物浸出及其回收［D］．福州：福建师范大学，2017．

［40］谢雅玲．废弃液晶显示器中铟的生物资源化［D］．厦门：厦门大学，2019．

［41］陆静蓉．废液晶显示器中铟的回收及深加工［D］．常州：江苏理工学院，2019．

［42］阮久莉，郭玉文，乔琦．废液晶显示器资源化技术进展及问题与对策［J］．环境科学与技术，2016，39（1）：38-43．

[43] 孙明星. 中国废旧电池回收路径与管理体系研究 [D]. 济南：山东大学，2016.

[44] 邱美华. 废旧电池回收过程中存在的问题与对策探析 [J]. 智能城市，2017，3（3）：287-288.

[45] 席国喜，路迈西，杨理. 废电池极性材料在硝酸中的溶解条件 [J]. 化工环保，2005，25（5）：379-380.

[46] 惠建斌，郑文婧，刘京玲. 国内废旧锌锰电池资源化路径模式研究 [J]. 电池工业，2010，15（5）：266-270+273.

[47] 黄启明，李伟善. 废旧碱性锌锰电池的回收与利用 [C] //第十三次全国电化学会议，2005：126-127.

[48] 杨理. 废旧碱性锌锰电池和废旧锂离子电池资源化研究 [D]. 郑州：河南师范大学，2016.

[49] 张笑笑. 废旧锂离子电池的回收处理与资源化利用 [D]. 北京：北京理工大学，2016.

[50] 刘巍. 废旧铅酸电池电极活性物质的资源化 [D]. 南京：东南大学，2017.

[51] 张铃松，张俊喜，李雪，等. 废旧锌锰电池制备锰锌铁氧体初级溶浸工艺的研究 [J]. 环境工程，2008，26（4）：21-23.

[52] 席国喜，李伟伟，乔祎，等. 废旧锌锰电池制备锰锌铁氧体的研究 [J]. 材料导报，2007，（7）：145-146.

[53] 瞿兆舟，赵增立，李海滨，等. 废锌锰电池回收处理技术 [J]. 再生资源与循环经济，2007（4）：30-33.

[54] 王焕英. 废锌锰干电池中锌及锰的回收利用研究进展 [J]. 安徽化工，2018.

[55] 朱宽. 废弃锂离子电池钴的回收及富锂正极材料的研究应用 [D]. 上海：上海第二工业大学，2019.

[56] 刘一. 环境保护视角下的电子电器废弃物回收利用管理 [D]. 广州：暨南大学，2011.

[57] 方文熊. 机械-物理法回收废旧电视机、冰箱车间及厂区的环境影响分析 [D]. 上海：上海交通大学，2014.

［58］杨义晨.典型废旧家电的收集、处理及其污染物释放特征研究［D］.上海：上海交通大学，2016.

［59］钟伟.电子产品中有害物质的测试与环境性能评估研究［D］.武汉：武汉理工大学，2007.

［60］李姝，朱军，李维亮，等.含铅废料的资源化处理技术［J］.中国有色冶金，2019，48（2）：34-38.

［61］蒋英.废弃电路板中非金属粉再利用的环境风险评价［D］.上海：上海交通大学，2011.